馮　青

中国海軍と近代日中関係

錦正社

目次

図版目次

表目次

中国海軍と近代日中関係

序章

一　近代中国海軍とは何か

海軍とは、通常、主として海防を任務とする軍隊であると定義され、海軍将校、水兵、艦船、軍港、造船所、砲台、海軍学校などを含む。中国海軍も当然この定義から外れるものではなく、アヘン戦争で西洋諸国の「船堅砲利」〔堅固な艦船と強力な大砲〕の力により開国させられ、近代世界に包摂された中国では、海軍の整備は急務であり、国防上不可欠なものとされた。

古来、中国では河川や海上の敵と戦う軍隊を「舟師」や「水師」と称してきた。一八六〇年代半ばまで、これらの軍隊を構成する「戦船」はすべて木造で、将校、水兵（水勇）は近代的技術・知識も装備も持たず、西洋列強の海軍力が中国の門戸をこじ開けるのを止めることはできなかった。そこで、一八六六年六月、福建船政局が創設され、フランスの技術を導入して造船と海事教育を行い、近代中国海軍の嚆矢となった。

その後、関税収入及び各省の釐金《りきん》等に基づく拠金を得て、北洋、南洋、閩粤《びんえつ》［福建・広東］の「三洋海軍」が創立されたが、これらの艦隊は地域性が強く、互いに分散的で、必ずしも中央政府の統制に服属しなかった。一八七四年五月、日本による台湾出兵後、清朝海軍は日本を仮想敵国に設定したが、経費の不足のため北洋海軍だけを強化する方針をとらざるを得なかった。この間、駐日長崎理事［領事の前身］余元眉《よげんび》ら諸官僚の進言や、一八八四年八月、清仏戦争（一八八四年）における馬江の戦いで福建海軍が壊滅したことをきっかけとし、中央には全国海軍の統轄機構として総理海軍事務衙門《がもん》（以下、海軍衙門と略す）が設置された。同衙門は日清戦争まで続き、この間、名称も旧来の「水師」から「海軍」に変わり、定着していった。一八八八年には北洋艦隊は多数の甲鉄艦を擁するアジア最大の艦隊にまで発展したが、結局、日清戦争に敗れ、全滅するに至った。日清戦争敗戦後、清朝最終期の宣統帝（一九〇九—一九一一年）期に短期間ながらも精力的に海軍再建の取り組みがなされ、また海軍建設でも欧米モデルから日本モデルに改めようという動きも見られたが、清朝倒壊でその努力は挫折し、中華民国前期にも連年の内戦と政府の財政難、また日米の牽制などにより再建計画は実現できなかった。一方、一九二〇年代前半、清末の日本留学出身の海軍軍人はその留日経験や人脈を活用して東北地域で最初の海軍を創設することに成功した。東北海軍は複雑な国際情勢の下、満洲事変に至るまで、国防のみならず、さらに河川運輸、漁業など地域経済の振興にも大きな役割を果たした。民国後期、南京政府の下でも海軍建設の試みはあったが、結局、日中戦争初期の一九三七年八〜九月の間、日本海軍の長江遡上を防ぐためにほぼ全艦船が長江下流の江陰に自沈させられ、残りも敗れて沈没または捕獲され、中国海軍は消滅することとなった。

これが近代中国海軍の略史である。この過程から見ると、近代中国海軍が最初に仮想敵国としたのは日本であり、また二度にわたり戦い、壊滅の結果をもたらしたのも日本であり、中国海軍の歴史を語るときに日本との関係を無視することはできないことが明らかである。

軍隊が国防のための組織である以上、海洋・江上の敵に対抗することができなかった近代中国の海軍に対して消極的な評価がつきまとうのは故なきことではないだろう。その弱体性ゆえに、日清戦争以後の中国には海軍は存在しなかったという見方さえ存在する。だが、本書で詳述するように、たとえ弱者ではあったにせよ、清末から民国初期、中国では海軍及び海防施設構築の試みは連綿として続けられたのであり、一時は政府・地方大官の重視と民間の賛同を得て、精力的に構築・整備が試みられた。それは政策決定者のいかなる認識、いかなる権力配置、いかなる資源配分によって可能であったのだろうか。近代中国海軍の歴史は、軍事面だけでなく、政治史的にも検討する必要があるのである。

また、近代の中国では、海軍は単なる武装機構にとどまらず、近代科学技術を集約した軍事機構として、その構築は自ずと近代化を促進する役割を果たした。すなわち、海軍に必須の航海、通信、造船、燃料開発、港湾整備、機関・銃砲製造などはいずれも近代科学、近代的産業技術を前提とするものであり、またそれらに習熟した人員を必要とし、近代科学の社会全体への普及を促すものであった。従って、近代中国海軍の発展の歴史を考察することは、中国近代化の過程を理解する上でも不可欠なのである。

さらに、海軍は対外防衛の第一線に立つことから、平時においても対外関係と関わることとなった。すなわち、海上通商の促進、海外華僑の保護のほか、艦船の外国訪問、対外親善活動を展開したほか、不平等条約の下、中国の主要港湾及び長江等大河川には常に外国船舶・外国居留民など外国権益が存在したため、沿岸及び河川警備は不可避的に対外関係に関わることとなったのである。

このように、近代中国において海軍は陸軍以上に、政治的・社会的・外交的・経済的に多様な意味合いを持っており、単に軍事的に弱体であったとしてすませられない重要性を持ち、その本格的な歴史的研究を不可欠としているのである。

なお、以後［　］は著者註を示す。

二　先行研究の検討

では、近代中国の海軍に関し、これまでどのような研究成果があるだろうか。

全般的にいえば、中国大陸、香港、台湾の史学界においては、近代中国海軍に関してはこれまで相当の研究成果が蓄積されてきたが、欧米及び日本での成果はごく少数に限られている(1)。

これら中国語圏を中心とする先行研究の成果は、大きく次の二つにまとめられよう。第一に、海軍の多様な側面にわたり研究成果が発表されていること。すなわち、一九八〇年代以後、近代海軍の発展史、海防思想、海防政策、海軍人事、教育、戦史、造船、海疆《かいきょう》、海権、海戦など広範な問題に関して詳細な研究が行われ、多くの著書、論文が発表されている。第二に、近年の檔案（文書）その他の資料公開の進展をふまえ、関係資料集の編纂、刊行が進められている。すなわち、中国第一歴史檔案館（北京）、中国第二歴史檔案館（南京）、中国国家図書館（北京）、広東省檔案館（広州）、福建省檔案館（福州）、中央研究院近代史研究所檔案館（台北）、国軍史政編訳局（台北）などの所蔵する文書資料を含む良質の資料集が刊行され、近代中国海軍の実証的研究を促進した。とりわけ、楊志本主編『中華民国海軍史料』（北京、海洋出版社、一九八六年）、謝忠岳編『北洋海軍資料彙編』（北京、中華全国図書館文献縮微複製中心、一九九四年）、張俠・楊志本・羅澍偉・王蘇波・張利民合編『清末海軍史料』（北京、海洋出版社、二〇〇一年）などは重要な資料集である。

だが、近代中国海軍に関する既存の研究を通観するに、以下のような問題点も存在している。

(1)　研究対象分野のアンバランス

数多くの研究成果が出ているとはいっても、その多くは日清戦争での主要海戦などの戦史や主要艦船、関係人物の研究に集中しており、海軍の組織・制度・経費がどうであったのか、海軍整備の政治史的文脈、その対外関係などについての検討はほとんど行われていない。

(2)　研究視角の単調さ

中国での研究の多くは一国史的で中国だけを見ており、中国海軍の発展をめぐる対外関係、国際環境を無視ないし軽視している。例えば、日清戦争に関する研究でも、日本について十分取り扱い、さらに比較、関連して研究を行うものはほとんどない。また、北洋海軍に関して、対日戦で敗北したという結果からそれ自体を常に否定的に位置づけ、李鴻章らの関係する高官・将領に対しても否定的な評価を下すことが固定化しており、このため、新たな研究の発展を妨げている。

(3)　対日関係の欠落

近代中国海軍の展開とその運命における日本の重要性については先に指摘したとおりであるが、日中関係の展開が近代中国海軍の歩みにどう関わってきたのか、どのような影響を与えたのかについては、これまで全く研究が行われていない。例えば、清末の海軍指導者載洵《さいじゅん》、薩鎮冰《さつちんひょう》の日本視察と日本政府の対応、中国海軍船舶契約に関する中米べツレヘム契約問題、三都澳《さんとおう》海軍根拠地と二一ヶ条問題などは事実自体も知られておらず、いわんや研究も行われていない。従って、日本と近代中国海軍との関係に焦点を絞ることにより、確実な成果をあげ、また内外の中国近代史・日中関係史研究に寄与できると考えられる。

(4) 史料的問題

史料面では、多くの既存の研究は公刊された関係史資料や史料集を利用しており、中国側檔案史料は十分利用されていない。ただ、本書の扱う清末及び民国初期に関しては目下のところ中国の檔案館は海軍関係史料を十分公開しておらず、どのような史料が存在しているのかさえ学界では十分知られていない(2)。また、従来、近代中国海軍に関する研究で外国側史料を利用するものは稀であるが、日本の外務省外交史料館、防衛省防衛研究所図書館、アメリカ国務省文書などには多くの関連文書が収録されており、これらの外国側史料を開拓することにより、今後の研究の飛躍的進展が見込まれる。

もっとも、一九九〇年代以降、中国における「改革、開放」の深まりと世界的なグローバリゼーションの進展の中、中国研究でも「海洋の時代」が到来しており、日本でもアジア域内貿易、華僑経済圏、「海から見たアジア／日本」などというテーマが関心を集めている(3)。また中国での海軍研究でも新たな変化が生じており、中国の国際化・強国化と海洋戦略の発展に刺激されて、中国海軍史、対外関係史一般のみならず、海洋交通、貿易、航海技術、海外移民、海疆防衛、海洋考古学などの研究が進展し、研究領域は多様化してきている(4)。

三　本書の課題と方法

本書は、こうした近代中国海軍の研究の現状と最近の動向を踏まえて、新たな近代中国海軍像を打ち出すために、以下のような課題と方法をもって研究に取り組みたい。

(1)　一国史的・革命史的な偏狭な歴史観を脱し、近代中国の政治史・国際関係史の中で把握すること。

近代中国の歴史は国際関係と国内環境を包摂し、両者の相互関係の中で考察することが不可欠であるが、従来の中国海軍研究は多くが一国史的であり、国際的要因を軽視してきており、それでは本来、対外防衛組織である海軍を十分把握し得ない。また、従来の研究では革命史観の影響を受け、清朝反動政権による軍備強化であるが故に失敗が運命づけられていたかのような叙述が多いが、これでは固定的な見方となり、歴史の決定論に陥ってしまう。本書ではこれら従来の研究の欠陥を認識し、清末から民国初期の政治史を客観的に把握し、近代国家建設と対外防衛の試みの中に近代中国の海軍建設を位置づけ、より広い視野の中で考察するように努める。

(2)　日中関係史の中で近代中国海軍の展開とその諸問題を考察すること。

近代中国の海軍は中国の近代世界への包摂と抵抗の過程で創設され、対外防衛の第一線に立つことから、平時においても対外関係において重要な役割を果たしてきた。とりわけ近代中国海軍の消長の歴史は日本ともっとも深い関係を持ってきており、日本との関わりを精査することにより多くのことを明らかにできるであろう。本書は、清末の海軍建設と対日認識、対日関係の関連性、海軍建設における外国モデル、中国艦隊の日本訪問、日本側の中国海軍への認識と対応など対日関係を重視して検討するとともに、第三のファクターとしてアメリカの対応についても検討し、近代中国海軍を軸として東アジアの国際関係史像の再構築を試みたい。

(3)　近代中国海軍の建設・再建の過程を、中国政治史の展開の中で内在的に検討し、その成果と限界、独自性を分析すること。

日本など対外関係のみならず、海軍の創設・発展整備・再建の過程について近代中国の歴史発展の中で内在的に検討し、その性格や特徴を考察することも重要である。例えば、中国海軍のモデルが、初期においては欧州海軍であったのが、日清戦争後、とくに光緒新政が行われた後に日本モデルに変わったことに関しても、当時の中国当局者の対外観や政治的文脈をふまえて実証的に検討することが必要である。

また、中国海軍の発展を制約した海軍経費の恒常的欠乏については、清末民初の中央・地方間の政治的な矛盾との関連で検討できよう。北京政府期、地方の自立化と中央政府の財政困難の中、海軍は中央政府財政部からはせいぜい必要経費の三割しか受領できず、海軍部内及び各艦隊でも給与の遅配がしばしばであり、艦船整備・装備補充は十分行われなかった。従って、海軍は良好な根拠地の欠如と経費難のため、しばしば地方軍事勢力に依存するか外国借款に依存することになったのである。

(4)　中国側公刊史料のみならず、未公開の檔案［文書］史料、日本をはじめとする外国側史料を活用し、実証的研究を進め、客観的で新しい近代中国海軍像を再構成すること。

研究対象の特殊性があるとはいえ、各国の文書史料の利用はなお十分ではない。また従来の研究は、日本、中国とも自国の史資料に依拠するものがほとんどである。だが、近代中国海軍と日中関係について検討しようとするのであれば、日本、中国の多様な史料、とりわけ公文書史料を相互に組み合わせ、実証的に検討することが不可欠である。中国での檔案史料の公開状況はなお満足すべきものではないが、筆者は中国第一歴史檔案館（北京）、中国第二歴史檔案館（南京）、中央研究院近代史研究所檔案館（台北）において可能な限り、関連史料の収集に当たった。また、上記のように本書は対日関係を重視して検討するものであり、日本側の史料の全面的な利用が不可欠である。本書は、これまで近代中国海軍研究ではほとんど利用されてこなかった外務省外交史料館所蔵文書、防衛省防衛研究所図書館所蔵文書など日本側公文書を包括的に利用し、さらに中国側公刊史料、檔案［文書］史料と組み合わせることにより、実証的検討を試みるものである。

四　本書の章別構成と関連論文

このような課題に基づき、本書は一八七〇年代の清朝北洋艦隊の形成から崩壊、日清戦争後の海軍再建の進展、中華民国前期（北京政府期）の海軍建設の停滞、海軍中の留日派と東北海軍の発展といった海軍建設をめぐる近代中国の軍事－政治史を、日本との関係を中心とした東アジアの国際関係の中で、実証的に考察を行うものである。

序論と結論を除き、本書の構成は以下のとおりである。なお、筆者はこれまで数篇の関連論文を発表しており、一部の章は以下に記した論文をふまえている。しかし、その場合でも若干あるいは大幅に書き改め、新たな史料を取り入れ、内容を充実させ、本書が全体として体系的なものとなるように努めた。

第一章　北洋海軍と日本――その日本訪問を中心に――

（初出）『軍事史学』（第四十四巻四号、二〇〇九年三月、軍事史学会）

第二章　日清戦争後の海軍再建

（書き下ろし）但し、論点の一部は左記論文で最初に提起した。「中日甲午戦争後清朝海軍的中央集権化」（『聖心女子大学大学院論集』第三号、二〇〇一年七月）、「日清戦争後における清朝海軍の中央化」（李金強等主編『我武維揚――近代中国海軍史新論――』香港、香港海防博物館、二〇〇四年）

第三章　清末の海軍視察と日本の対応（一九一〇年）
（初出）『現代中国』（第八〇号、二〇〇六年九月、日本現代中国学会）

第四章　海軍再建の進展と日本モデル導入の試み
（初出）『軍事史学』（第四十二巻二号、二〇〇六年九月、軍事史学会）

第五章　一九一〇、二〇年代中国海軍の困難と日米――ベツレヘム条約をめぐって――
（初出）『中国――社会と文化――』（第二十三号、二〇〇八年七月、中国社会文化学会）

第六章　海軍留日派と東北海軍の発展――満洲事変まで――
（初出）『人文研紀要』三〇周年記念特別号（二〇一〇年三月、中央大学人文科学研究所）

註

（1）　中国での代表的な研究書には、戚其章『晩清海軍興衰史』（北京、人民出版社、一九九八年）、戚俊傑・劉玉明『北洋海軍研究』（天津、天津古籍出版社、一九九九年）、王家倹『李鴻章與北洋艦隊――近代中国創建海軍的失敗與教訓――』（台北、国立編訳館、二〇〇〇年）、姜鳴『龍旗飄揚的艦隊――中国近代海軍興衰史――』（北京、生活・読書・新知三聯書店、二〇〇二年）、李金強他編『我武維揚――近代中国海軍史新論――』（香港、海防博物館、二〇〇四年）などがある。
　日本における近代中国海軍の研究は以下のとおり。坂野正高「馬建忠の海軍論――一八八二年の意見書を中心として――」（川野重任編『アジアの近代化』東京大学出版会、一九七二年)、市来俊男「中国海軍の建設と日本海軍」(『軍事史学』第十巻第三号、一九七四年十二月)、田中宏巳「清仏戦争と日本海軍の近代化」(『栃木史学』第四号、一九九〇年三月)、同「清末における海軍の消長(一)〜(三)」(『防衛大学校紀要』第六十三〜六十五輯、一九九一年九月、一九九二年三月、九月)、細見和弘「李鴻章と清仏戦争」(『中国——社会と文化——』第十一号、一九九六年六月)、同「李鴻章と戸部——北洋艦隊の建設過程を中心に——」(『東洋史研究』第五十六巻第四号、一九九八年三月)、馮青「日清戦争後における清朝海軍の中央化」(『聖心女子大学大学院論集』第二十三号、二〇〇一年七月)、同「清末の海軍視察と日本の対応(一九一〇)」(『現代中国』第八十号、二〇〇六年九月)、同「日清戦争後の清朝の海軍再建と日本の役割」(『軍事史学』第四十二巻第二号、二〇〇六年九月)、同「一九一〇〜二〇年代中国海軍の困難と日米——ベツレヘム契約をめぐって——」(『中国——社会と文化——』第二十三号、二〇〇八年七月)。

また、欧米では、John L. Rawlinson, *China's Struggle for Naval Development, 1839-1895* (Cambridge, Mass.: Harvard University Press, 1967) がある。このほか、日本海軍の動きを軸に近代日中関係を論じた研究として、樋口秀実『日本海軍から見た日中関係史研究』(芙蓉書房出版、二〇〇二年)があるが、中国海軍と近代日中関係について検討した研究は存在しない。

(2) 国民政府時期の中国海軍に関しては、台湾ではある程度資料が公開されており、中央研究院近代史研究所の張力が中華民国国軍檔案や聞き取り(口述史 Oral History)を駆使した研究を行っている。例えば、張力「中国海軍的整合與外援、一九二八—一九三八」(国父建党革命一百周年学術討論集編輯委員会編『国父建党革命一百周年学術討論集』第二冊(台北、近代中国出版社、一九九五年))、同「従『四海』到『一家』:国民政府統一海軍的再嘗試、1937—1948」(『中央研究院近代史研究所集刊』第二十六期、一九九六年十二月)、同「陳紹寛與民国海軍」(『史学的伝承:蒋永敬教授八秩栄慶論文集』台北、近代中国出版社、二〇〇一年)等。ただ、国軍檔案へのアクセスにはなお一定の制限があるもようである。

(3) 浜下武志・川勝平太編『アジア交易圏と日本工業化:1500—1900』(藤原書店、二〇〇一年)、白石隆『海の帝国:アジアをどう考えるか』(中央公論新社、中公新書、二〇〇〇年)、朱徳蘭『長崎華商貿易の史的研究』(芙蓉書房出版、一九九七年)、松浦章『清代海外貿易史の研究』(京都、朋友書店、二〇〇二年)など。

(4) とくに、楊国楨主編の「海洋と中国」(「海洋と世界」叢書)」(南昌、江西高校出版社、一九九八〜二〇〇五年、計二〇冊)や中央研究院人文社会科学研究中心(旧中山人文社会科学研究所)編の『中国海洋発展史論文集』(台北、同所刊、既刊九冊)の刊行が注目すべきである。

第一章　北洋海軍と日本——その日本訪問を中心に——

はじめに

清朝の海軍建設は明治日本の台頭との関係が密接であり、とりわけ北洋海軍は日本の台湾出兵（一八七四年）の衝撃により創立され、また日清戦争での敗戦により壊滅することとなった(1)。

これより先、一八六〇年代に清朝は西洋列強への対処を主目的として閩粤《びんえつ》［福建・広東］海軍を創立していたが、一八七〇年代半ば以降、日本という新たな東方海上からの脅威に対抗するため、北洋海軍の建設を進めた。さらに清仏戦争において福建海軍が失われた後は、北洋海軍が清朝最大の海軍として拡大・発展することとなった。こうして、創立から二〇年の間に、北洋艦隊は巨大な甲鉄艦を多数擁するアジア一の艦隊にまで成長し、日本巡航で日本側を威圧し、さらに全国海軍の統一に取り組むなど発展を遂げたが、日清戦争で惨敗し、あえなく壊滅することとなった。

従来の北洋海軍に関する研究は日清戦争に集中しており、その敗戦の原因は通常、清朝の専制体制と王朝の腐敗により海軍の整備強化が十分行われず、また作戦方針は消極的であり、海軍指導者の能力に問題があったからだとされている。(2) だが、北洋艦隊自体の問題点についての検討は必ずしも十分ではなく、また清朝海軍の興亡と日本海軍の発展について相互に関連させて論じる研究は行われていない。

そこで、本章では、近代中国最初の本格的海軍であった北洋海軍が、どのようにして創設・建設され、また崩壊したのかを、日中関係の視点から検討してみたい。とりわけ北洋艦隊の三度にわたる日本訪問と日本側の対応という新たな問題を中心に検討することから、日清戦争に至る日中の海軍建設をめぐる相互作用、両国海軍の勝敗をもたらすこととなった原因を探究し、近代日中関係の知られざる側面を明らかにするものである。

第一節　北洋海軍の創立

一　北洋艦隊の編成

近代海軍の出現以前、清朝の軍事制度では八旗・緑営の水師〔水軍〕が沿江・沿海〔河川・海洋沿岸〕の防備に当たってきた。これらの「水師」は独立の軍隊ではなく、各駐屯地の総督・巡撫の管轄下に置かれ、主に脱税船及び海賊の取締りを任務とした。一八六六年七月、西洋列強の進出に対処するため、清朝は福建船政局を設け、同局製造の艦船及び西洋から購入した新式艦船を主として福建・広東両省に配置した。こうして、一八七四年には中国における近代海軍の嚆矢である閩粤海軍が創立されたが、その保有艦船は当初、わずか小型木造軍艦一〇隻余りであった。当時の「海防」はもっぱら南方海上からの敵を防ぐことが課題であったため、海軍建設の重点は南に置かれ、北方は軽んじられた。所謂「重南軽北」である。

しかし、一八七四年五月、日本軍は突然台湾に出兵し、清朝が五〇万両の支払い、琉球帰属問題での譲歩など不利な条件を呑まされた後、ようやく撤兵した(3)。これまで「三島の小国」と見なされてきた日本の台頭を示すこの事件は清朝全国に大きな衝撃を与え、国防政策をめぐって激しい論争を引き起こした。そして、従来の西洋諸列強に加えて、

図1　李鴻章
吉田宇之助『李鴻章』（民友社、1901年）巻頭より。

日本が新たな脅威、仮想敵国と認識され、より広範な海域に対応できる強力な海軍の建設が急務と認識された。こうして、北洋、南洋、閩粤の三海軍が設置され、直隷総督・北洋大臣［山東省以北沿岸地域の対外交渉・海防・通商事務などを司る］李鴻章の下で北洋海軍の建設が推し進められることとなったのである。

一八七四年十一月の李鴻章（図1）の上奏文は、北洋海軍創設の際の清朝首脳の認識を示すものとして興味深い。それはまず、日本は閩浙《びんせつ》［福建・浙江］との間の距離があまりに近いため、後顧の憂いを生じることとなるので、「いまやただ日本を防ぐのがもっとも急となっている」という軍機大臣文祥の所見に賛同し、さらに、「西洋は強いとはいってもなお万里のはてにありますが、日本はすぐ近くでわが方を伺っており、まことに中国永久の大患です」と強調した[4]。この日本＝近隣かつ永久の患いという緊張感こそが、その後の北洋海軍建設の推進力となったのではないかと考えられる[5]。

こうして、日本軍が中国の防備の未整備に乗じて再度武威を逞しくするのを恐れて、李鴻章は日本よりも強力な甲鉄艦を保有することが不可欠であると考え[6]、そのため何度も朝廷に上奏を行った。一八七五年五月三十日、ついに清廷は李鴻章を督辦《とくべん》北洋海防事宜、沈葆楨《しんほてい》を督辦南洋海防事宜に命じ［前者は、直隷・河北・山東省の海域、後者は江蘇省以南の海域を管轄］、また甲鉄艦の配置については費用が巨額に上るため、まず一、二隻を購入し、さらに続けるべしと指示した(7)。同時に、海軍建設費は政府の主たる収入源である関税（洋税）と釐金《りきん》から支給することが規定された。すなわち、粤海《えつかい》（広州）・潮州《ちょうしゅう》（スワトウ）・閩海《びんかい》（福州）・浙海《せっかい》（浙江寧波）・山海の五関及び滬尾《こび》（淡水）・打狗《ターカオ》（高雄）両港の関税四割と江海関（上海）の関税四割のうち二割、また江蘇・浙江両省釐金より毎年各銀四〇万両、江西・福建・湖北・広東各省釐金より毎年各銀三〇万両を李鴻章・沈葆楨に送金することが命じられた(8)。

当時の最先端軍艦である甲鉄艦は一隻一六三万両と目されており、上記の指示どおりなら海軍費として毎年関税から二百数十万両、釐金から二〇〇万両が得られるはずであったが、実際には容易に実現できなかった。そのため、まずは比較的廉価な小型艦を導入することとなり、一八七五年春、李鴻章はイギリスに「龍驤《りゅうじょう》」「虎威《こい》」「飛霆《ひてい》」「策電《さくでん》」の四隻の小型砲艦を注文し、いずれも一八七九年には中国に回航され、北洋海軍に編入された(9)。同年、沈葆楨の死後、海軍の規画は李鴻章がすべて管轄することとなり(10)、李は馬建忠をブレーンに天津に水師営務処を設置し、海軍の企画と建設に辣腕をふるった。

一八八〇年七月十一日、清朝は甲鉄艦建造令を発布し(11)、本格的な海軍増強に乗り出した。これは、明らかに前年の日本による琉球の完全な併合（琉球藩廃止、沖縄県設置）を受けたものであり、以後、引き続き朝鮮問題をめぐり日中関係が緊張する中、清朝は大型甲鉄艦を続々と導入していく。すなわち、同年末、ドイツのフルカン社に「定遠」製造を発注（七、四三〇トン、一八八一年、一八八三年にまた同社に「鎮遠」（七、四三〇トン、一八八三年進水）、「済遠《さいえん》」（三、〇五五トン、一八八四年進水）製造を発注し、三隻とも一八八五年十月十二日に大沽《タークー》に到着、北洋海軍に編入された。とくに、「定遠」「鎮遠」両艦は当時、最新式かつ東洋一の巨艦であり、これにより清朝は単なる沿岸防御のみならず、外洋での戦闘可能な海軍力を備えるに至ったのである。

だが、清仏戦争敗戦後という新たな国防上の危機は決してこの二隻の甲鉄艦の補充で解消されるものではなく、とりわけ福建海軍の同戦争での壊滅は、海軍の全面的な整頓と再建を急務とした。清朝当局は国内海軍の分立と相互非協力、江蘇・広東機器局、福建船政局といった兵站機構の統一性欠如に対仏敗戦の主因があると痛感し、一八八五年六月二日の上諭で、李鴻章、督辦福建軍務左宗棠《さそうとう》ら諸官僚に対し、講和後も海防をゆるめることなく、急いで切実なる対応を行い、永遠確実の計を図ることを指示した(12)。

八月八日、これを受けて左宗棠は光緒帝、西太后に上奏し、海防全政大臣または海部大臣を置き、すべての海軍行政を統一管轄させ、将兵の人事訓練・資金調達・造船・武器製造の全権を与えるよう提案した(13)。

統一的な海軍管理機構については、早くは一八八二年、馬建忠の李鴻章への進言「籌辦《ちゅうべん》海軍六条方案」で「水師衙門」の設置提案が行われ(14)、一八八三年には総理衙門内に南・北洋海防事務を司る海防股《かいぼうこ》が設置されたが、中央レベルでの独立した機構ではない。前記六月二日の上諭発布後、諸官の意見も聴取され、李鴻章も呼ばれて一ヶ月余り滞京し、頻繁に宮中に召見された結果、一八八五年十月十二日、海軍事務衙門が設置されることとなった。海軍衙門は、中国最初の統一的な海軍管轄機構であり、醇親王奕譞《じゅんしんのうえきけん》がその総理［海軍卿］、慶郡王奕劻《けいぐんのうえききょう》、直隷総督李鴻章が会同辦理［海軍大輔］、漢軍都統善慶、兵部右侍郎曾紀沢《そうきたく》が幇同《ほうどう》辦理［海軍少輔］に任じられた。また、日本への対処と京畿防衛のため、まず李鴻章が北洋艦隊を精鋭艦隊に訓練し、全国の模範とすることとされた(15)。

さらに、李は朝鮮問題をめぐる対日対立が顕著となった一八八五年にはイギリスに「致遠」「靖遠」（一八八六年進水）、ドイツに「経遠」「来遠」（一八八七年進水）の製造を注文した。これらはいずれも一八八七年には竣工、中国に回航されて北洋艦隊に編入され、合計二五隻、総排水量約三・七万トンの艦船を擁することとなった(16)。

また、近代的艦隊の編成のため、一八八八年十二月、イギリスの海軍規定に倣い、「北洋海軍章程」が制定・公布された。これにより、北洋艦隊では提督以下、総兵、副将、参将、遊撃、都司、守備、千総、把総、経制外委など合

表１－１　北洋海軍の組織構造　（単位：名）

海軍官職名（人数）	提督（1）	総兵（2）	副将（5）	参将（4）	遊撃（9）	都司（27）	守備（60）	千総（65）	把総（99）	経制外委（43）
日本海軍で相当する階級	大将	少将	大佐	中佐	少佐	大尉	中尉	少尉	兵曹長	兵曹

註：日本の階級名で大将から少尉までは正式には「海軍～」と称するが、略記した。
清朝官職名の下の人数は定数。総兵２名は「定遠」「鎮遠」の艦長、副将５名は「致遠」「済遠」「靖遠」「経遠」「来遠」艦長。このほか、差缺（官吏）46名（書記・主計26、医者20）を置く。
出典：「北洋海軍章程」125-162頁及び「清国北洋艦隊の職制」（『東京朝日新聞』1891年７月５日）、「日清両国武官の官名対照」（『東京日日新聞』1891年７月16日）、『国民新聞』1891年７月３日の記事などをもとに筆者作成。

計三一五名の人員が設けられることとなった。[17]だが、この時期、北洋海軍はなお近代的な将校階級制度を導入していなかった。北洋海軍の編成を同時期の日本海軍のそれと対照すると、表のとおりである（表１－１を参照）。

さらに威海衛に北洋海軍提督衙署が置かれ、上記二五隻の艦船を中軍・左翼・右翼三隊に分け、海軍提督が直轄することとした。一八八八年には、北洋海軍は艦船・装備の強化と制度・組織面の整備が進み、全国、ひいては東洋でも随一の海軍となり、絶頂期を迎えたということができる。

二　南洋・北洋海軍統一の試み

一八八八年は北洋海軍にとって画期的な年で、以後、武装装備の拡大という量的蓄積時期から技術の錬磨・戦力の増強という質的向上時期へと転じ、艦隊検閲・合同演習等の活動を盛んに実施した。「北洋海軍章程」では、その制定時の清国海軍の各省分属、統一性欠如に鑑み、毎年北洋大臣による定期検閲、三年ごとに海軍衙門王大臣と北洋大臣合同による軍政大検閲を行うと定められていた。[18]また、毎年春夏秋に北洋艦隊が南洋艦隊と合同訓練を行い、北洋沿海を巡航することが不可欠の項目とされており、巡航海域は「奉天、直隷、山東、朝鮮各洋面」、時には「商民保護、技芸練習」のため「ロシア、日本各島」とされていた[19]。一八八八年以降、この規定のとおり、中国海軍では艦隊の合同訓練や王大臣等による検閲が定期的に実施されたのである。

一八八九年六月、南洋海軍提督呉安康《ごあんこう》は乗艦「寰泰《かんたい》」を含む六隻の艦船を率いて北上し、北洋海軍提督丁汝昌[20]の麾下に入り、両艦隊最初の合同訓練を行い、元山《ウォンサン》〔朝鮮東岸〕を経てウラジオストクまで五、〇〇〇里余りの遠洋航海も果たした。南洋艦隊の乗員は軍功により任官したものが多く、規律紊乱で訓練不足等の積弊を抱えていたが、北洋海軍の教導下、二ヶ月の合同訓練を受け、人事も整理された後には、大いに改良されるようになったという。このような清朝海軍の訓練の成果に関し、日本側は「目下当国当路ノ大官ハ勿論海軍ニ従事スルモノニ於テ汲々トシテ進歩ヲ計リ熱心ニ改良ヲ期シ他日東洋ニ雄視セント欲スルノ念アルハ又蔽フベカラサル事実[21]」と観察した。

しかし、年に一度の合同訓練が終了するや否や南洋艦隊は直ちに根拠地の呉淞口《ウースンこう》に戻り、南洋大臣〔両江総督兼任。江蘇省沿岸及び長江流域の対外交渉・海防・通商事務を司る〕の支配下に帰った。それでは海軍衙門設立の主旨である全国海軍の統一管轄とはほど遠いので、李鴻章は南洋海軍を北洋海軍と同じ指揮下に収めるべく、元部下の郭宝昌《かくほうしょう》を南洋海軍の統領〔提督級指揮官〕に任命した。郭宝昌は当時陸軍総兵（待命中）で、海軍には素人であるが、丁汝昌と同じく李鴻章の同郷人であり、この任命は人的関係に基づき南洋・北洋海軍を相提携させ、確実に李の指揮下に服させることを図ったものであろう。おりしも、李鴻章は一八九〇年一月の奕譞の死去により、事実上清朝の大権を掌握し、勢威の絶頂に向かいつつあった。郭宝昌は南洋海軍統領就任後、直ちに北洋海軍の制に倣いその組織整頓を推進した。

一八九一年、清朝は海軍衙門大臣による全国海軍の第一回検閲を実施、南洋・北洋両艦隊は統一指揮の下で合同訓練を行った。まず、五月二十三日に李鴻章は水陸の軍人を率いて大沽《ターク ー》より出港し、二十四日に旅順で山東巡撫張曜《ちょうよう》と合流、二十五日より順次、陸上部隊、大石ドック、砲台、弾薬庫、水雷・魚雷両学堂等を視察、点検した。二十八日には大連湾を中心とした南洋・北洋艦隊合同演習を検閲し、六月一日には威海衛に至り、渤海湾両岸の地勢、劉公島砲台、水師学堂を視察し、各軍艦合同訓練を検閲した。ついで膠州湾の地勢視察の後、七日より海路帰京の途につき、八日烟台で陸上部隊訓練を検閲、ついで九日、京畿防衛の要地大沽砲台を視察した。

第一回検閲後、李鴻章は「北洋海軍の兵艦は合計二十余隻で、海軍としての規模がほぼ備わった。指揮官も毎年の海洋訓練を経て、風濤に耐え、技術に熟達するを得、また陸軍各部隊も訓練に努め、怠ることがない」、「現在は軍費に限りがあるので拡充できないが、渤海の門戸に関してはすでに強固不動の態勢を固めた(22)」と、北洋海軍の発展に大いに満足の意を表した。日本側も、実弾射的、水雷放射など海上攻守の対抗運動を擬した大連湾の演習状況を視察し、「支那にて斯の如き海陸聯合の大演習を行ひしは曾て其の例なき所なり(23)」と評した。

一八九四年には、第二回南洋・北洋海軍大検閲が挙行された。五月七日、李鴻章は天津を発ち、大沽口沖で北洋艦隊の「定遠」「鎮遠」「済遠」等一〇隻の艦船、「康済」等練習艦三隻、「鎮中」等砲艦二隻、南洋艦隊の「南琛《なんちん》」「南《なん》瑞《ずい》」等艦船六隻、広東艦隊の「広甲」等軍艦三隻が参加した大検閲を実施、最後に大連湾、威海衛を経て、五月二十五日大沽に帰還した(24)。今回の大検閲では、広東艦隊が初めて参加し、全国海軍の集中訓練として意義深かった。

以上の北洋海軍の建設・整備の過程に明らかなように、李鴻章は従前の清朝海軍の地域ごとに各省督撫に分属し、相互軋轢少なからぬ弊害を取り除き、統合作戦可能な全国海軍を構築すべく様々に努力していた。そして、アジア最優勢の海軍力建設のためには、沿岸防衛ではなく外洋作戦、対敵攻勢能力の育成が不可欠と意識され、そのために遠洋航海訓練が積極的に実施されることとなった。かくして、清朝艦隊は一八八〇年代後半以降、北はウラジオストクから南はシンガポールに至るアジア海洋の巡航訓練に挑み、日本にも三次にわたり寄港することとなったのである。

第二節　北洋艦隊の日本寄港と日本の反応

一　第一次日本訪問（一八八六年）と長崎事件

一八八六年の清朝艦隊最初の日本寄港の背景には、中露の辺疆紛争及び朝鮮問題があったと考えられる。一九世紀半ば以降、ロシアは清朝から広大な土地を獲得した後、さらに満洲をその勢力範囲とし、朝鮮に進出しようと図り、中国側に脅威を与えた。(25)清朝はロシアとの国境交渉の全権として呉大澂《ごたいちょう》を満洲に派遣し、辺防を固め、さらに宗主国としての地位を強化し、朝鮮を統制しようとした。だが、日清両国の干渉に不満をつのらせた朝鮮君臣は密かにロシアに保護・援助を求め、またロシア船は朝鮮の永興湾《ヨンフン》を窺っているとの緊急情報を得た清朝政府は艦隊を朝鮮に出動し、ロシアを牽制し、朝鮮を威圧しようとしたのである。

一八八六年七月、李鴻章は北洋海軍提督丁汝昌及び副提督ラング（William M. Lang, イギリス人）に対し、速やかな艦隊出動を命じた。二十三日、北洋艦隊は李の命令に従い、旗艦「定遠」以下、「鎮遠」「済遠」「威遠」「超勇」「揚威」の六隻の軍艦をもって朝鮮東岸の元山に到着し、まず元山より永興を巡航してその勢力を誇示し、ついで三十一日、中露国境確定を終え琿春《こんしゅん》より国境を越えて着いた呉大澂をウラジオストクで出迎えた。その後、「超勇」「揚威」を除

く四艦は、石炭の補充、艦船修理のため長崎へ赴いた。(26)

北洋艦隊最初の日本訪問は後に種々の意図が推測されたが、実際にはその長崎寄港の目的は艦船修理・燃料補給という純技術的なものであった。「定遠」「鎮遠」両艦は当初ドイツで竣工し、長大な距離を航海して中国に到着、清朝海軍の主力となったが、この年六月にはすでに修理点検を要する状況となっていた。だが、「定遠」「鎮遠」「済遠」は喫水が一六～二〇尺（四～六メートル）という巨艦であり、大沽造船廠、江南製造局（Kiangnan Arsenal）、福建船政局のいずれも入渠できず、中国では修理可能なドックがないため、香港か長崎の大ドックを借りないと修理できない状況であり、(27)まず大型ドックを持つ香港祥生船廠《しょうせいせんしょう》と交渉したが、重量的にドック底が対応できないため、受け入れられないままになっていた。(28)従って、北洋艦隊としては、朝鮮沿岸航海でその任務を果たした後、この機に長崎での艦船修理・燃料補給を願ったのである。

だが、その際、日中間の衝突（長崎事件）が発生し、日中関係に大きな波紋を呼ぶことになった。(29)

八月十日、北洋海軍提督丁汝昌は「定遠」等四隻の軍艦を率いて長崎に入港し、十二日、旗艦「定遠」は船底等の修繕のため三菱長崎造船所の立神《たてがみ》船渠に入った。当時、長崎港にはロシア、イタリアの軍艦が各一隻碇泊中だったが、日本軍艦は一隻もなかった。北洋艦隊が停泊中の十三日、休暇を得て上陸した清国水兵と長崎地方巡査との間で紛争が起き、水兵、巡査各一名が負傷した。十五日、再び水兵と巡査との衝突が起き、清国側は海軍士官一名、水兵七名の死者を含む五〇名の死傷者、日本側は警部、巡査各一名の死者を含む三一名の死傷者を出した。これが、長崎事件である。

本事件をめぐり、日清両政府はともに国威を重視して強硬に対応したため、九月四日に「定遠」等が帰国した後も半年にわたり、長崎では英仏人弁護士の加わった会辦委員会の審理を、また東京では井上馨外相・徐承祖《じょしょうそ》公使間で外交交渉を行うこととなった。結局、独駐日公使ヘレーベン（Von Helleben）や英駐華公使ワルシャム（Sir John Walsham）等の斡旋により、ようやく交渉が妥結した。翌一八八七年二月八日、双方は本事件は相互に言語が通せず誤解から発したものと一致して認め、「本件ノ応ニ審理シ及ビ懲罰処分スヘキヤ否ヤハ倶ニ両国ノ司法官庁ニ於テ自国ノ法律ニ照ラシ各自ニ斟酌処弁シ相互ニ干予セサル可シ……」と、その善後処置を定めた。同時に、日清両全権の秘密書翰により、日本より五万二五〇〇円、清国より一万五五〇〇円の撫恤料《ぶじゅつりょう》を支払うこととなった(30)。李鴻章は、目下のところ中国はまだ力不足で海軍費も乏しい中、日本と決裂する必要はないと考え、この「負傷者多数で撫恤料も多額とする解決案はなお体面を失わないものだ」と認めたのであった(31)。

こうして、長崎事件の善後処理は終結したが、当時、日本の開港地（横浜、兵庫、大阪、長崎、新潟、函館、東京）では外国人が治外法権を有しており、将来また問題が発生する恐れがあった。このため、井上外相は今後の日清間軍艦往来の際の管理規則を定め、長崎事件の解決議定書の附録となし、本事件解決と同時に施行することを清国側に提案し、同意を得た。こうして「日清両国ニ於テ取極メタル軍艦取締規則(32)」が制定され、両国軍艦が相手国に寄港の際、地方官の訪問及び現地の警察・衛生・検閲規則に従うことや、上陸する士官・水兵の人数、時間の規制などを定めた。長崎事件の教訓から制定された本規則は、爾後両国海軍が不必要なトラブルを起こすことなく、円滑に交流することを保証するものであった。

以上のように、長崎事件は本来、艦船修理・燃料補給のため寄港した外国軍艦水兵と現地官民との間の偶然的な衝突であり、最初は僅かな行き違いであったものがエスカレートして少なからぬ死傷者を出し、外交問題にまでなったものである。だが、北洋艦隊の寄港それ自体、日本では脅威感、敵対感情をもって受け取られたのであり、そのような当時の日中間の心理状態や相互の対外接触への不慣れを反映して、様々な誤解が生じ、事件は以下のような意味を持って捉えられ、その後の日中関係に大きな影響を与えることとなった。

第一は、清朝に対する脅威感を生起させたことである。長崎事件勃発直後の八月二十日、李鴻章は波多野承五郎駐天津領事に対し、「今戦争ヲ開カントスルハ難事ニアラズ貴国ニアル我兵船ハ船体銃砲皆堅便ニシテ自由ニ開戦スルヲ得レバナリ」(33)と述べ、またその後の解決交渉が思うとおりにいかないと、さらに「今度コソ日本ヲ一撃セン」(34)と威嚇したという。このような一時の感情に走った発言は、日本側に大きな脅威感を与えることとなったのは当然であった。日本側は、李鴻章は「定遠ノ如キ鎮遠ノ如キ而時東洋ニ希有トシテ得意ナル戦艦ヲ日本ニ観シテ之ヲ慴伏《しょうふく》セシムル一端ト為サント考ヘツツアリタラン」(35)と、北洋艦隊の日本寄港それ自体が対日「慴伏」を目的としたと解釈し、清朝を脅威とする認識が次第に広がることとなった。また、同日、清国から軍艦四艦が外国に向けて出発という情報が伝わり、日本側は「貴国ノ軍艦新旧ヲ併セ八艘モ碇泊スルニ至ラバ人心倚《マ》ス《マ》驚駭」(36)する、あるいは、戦争を起こす可能性があるものだと驚き恐れ、いっそう対清脅威感を増幅させたのであった（四隻は実際には別件で朝鮮に赴くものだった）。

第二は、日本国民の対清敵愾心を刺激したことである。

これまで見たこともない巨艦から編成された北洋艦隊の来日は多くの日本人にとって驚愕すべきものであり、またその長崎寄港直後に衝突事件を生じ、双方に死傷者を出す事態となったため、政府のみならず一般国民にも対清反発・敵愾心を呼び起こすこととなった。当時の新聞では、「支那の軍艦が是迄我港湾に来りしことあれ共四隻一時に来りしは今回が初めてにて何か底意のあることならん若し底意あることならば今回の暴行も争を開くの口実を求むるに在るべしと云ふ者あり」(37)と、北洋艦隊来航は日本への示威を目的としたものであるという見方を伝えている。当時、清朝の海軍力ははるかに日本を凌駕していると見られており、この時期に、民間でも「日清の国交が破れて清国軍艦が大挙長崎を襲ふ」[38]ことへの恐れが広がり、また清朝の軍事的脅威に対し国民は「烈しき敵愾心を刺戟され」たとも言われる[39]。

以上のように、長崎事件は当時の日中間の心理的ギャップに助長され、事件の妥協解決にもかかわらず、日本側官民の清朝脅威感・敵対感情を煽り、その後の海軍拡大に拍車をかける要因となったということができる。

二　第二次日本訪問（一八九一年）

第一次日本訪問から五年後、北洋艦隊は二度目の日本寄港を行った。すでに一八八八年以降、清朝は毎年南洋・北洋両海軍の合同訓練を実施していたが、さらに遠洋航海も能力向上のためには必須であり、日本沿海の巡航もその課題とされた。日本側の理解によれば、「原来〔清朝艦隊の〕本邦行ハ両国海軍士卒ノ交際ヲシテ一層親密ニセシムルノ一端トモ相成リ丁呉両人〔丁汝昌・呉安康〕ノ深ク希望スル処」で、しばしば日本海軍司令官にも約しており[40]、さらに「先年日本軍艦が清国に行ける時の返礼として」両国親善のため来航を図ったものでもあった[41]。このように丁汝昌は日本寄港に積極的で、かねて李鴻章に申し出ていたが、李は前回の訪日の際の不幸な事件と外洋巡航に要する巨額の経費を考え、「丁汝昌ニ諭スニ北洋海軍ハ清国海岸ヲ防御スル為ニシテ国威ヲ海外ニ耀ス為ニアラサルヲ以テシ勉テ本邦行ヲ抑止」していたという[42]。

一八九〇年、細谷資氏海軍大尉（後、一八九六年「平遠」艦長、一九〇三年少将）が中国公使館付武官に任じられ、北京赴任前、西郷従道海軍大臣（一八四三―一九〇二年、隆盛の実弟）に面会して、清国軍艦の日本渡航方招請につき上申し、聞き届けられた。細谷は赴任の途中天津で李鴻章に面会し、この件を申し出た。李は長崎事件のような紛争の再演を恐れていたが、細谷は「其掛念ニ及バザル旨ヲ説キ[43]」、李鴻章も動かされた。また、同年、李鴻章の養子李経方《りけいほう》（一八五五―一九三四年）の駐日公使赴任後、日清国交が日々に親密になったと考え、李は丁汝昌に二度目の艦隊訪日を許すこととした。

一八九一年六月二十七日、李鴻章は「日本がしばしばわが軍艦の巡航、修好を請うてきたので、五月二十日「新暦六月二十六日」、海軍提督丁汝昌（図2）に「定遠」「鎮遠」「致遠」「靖遠」「経遠」「来遠」の軍艦六隻を率いて日本の下関に赴かせ、瀬戸内海より東京に至らしめ、李公使と面談協議し、さらに各港湾を巡閲させた」と上奏した[44]。これを認める上諭は、「将兵が上陸し事件を起こすことがないように注意して抑えるよう丁汝昌に厳しく命ぜよ」と念を押していた[45]。

図2　清朝北洋海軍提督丁汝昌
『毎日新聞』1891年7月15日より。

同六月、大連湾での南洋・北洋艦隊大演習終了後、清朝は全海軍を三分し、「一部ハ丁汝昌之ヲ引率シ本邦ニ回航シ一部ハ林泰曾《りんたいそう》ヲシテ引率セシメ仁川釜山元山ヨリ浦塩港ニ赴カシメ他ノ一部ハ鄧世昌《とうせしょう》ニ附属セシメ直隷湾ヲ周航セシムル」こととした[46]。こうして、六月末、丁汝昌が率いる北洋艦隊主力軍艦「定遠」など六隻は士官候補生を含む一、四六〇名の乗員とともに日本に赴いた。その訪日日程は、表1－2のとおりである。

この表から日本訪問中の日程を見ると、丁汝昌等北洋艦隊側は各軍港、鎮守府、造船所など海軍諸機構の訪問や軍艦見学以上に、各地長官・貴紳との交流や皇族・政

表１－２　北洋艦隊の第二次日本寄港日程

期間	訪問地	活動	両国警備・取締状況
6月30日 ～7月4日	神戸	神戸理事府訪問、軍艦「摩耶」見学、周布知事訪問。	［日］兵庫県警察部、関係営業者に諭示。 ［清］水兵上陸を許さず。
7月5 ～18日	横浜	清国理事府訪問。伊東海軍省第一局長、井上海軍少将、常備艦隊司令長官有地海軍少将の艦隊訪問を受ける。神奈川知事訪問。	［日］神奈川県警察署、水兵上陸の非常線設定。 ［清］理事府巡丁を増加、11日水兵の上陸許可。
	東京	清国公使館滞在。各大臣を訪問、文部省・大学・集治監・監獄など巡覧、東京府庁訪問、参内謁見。横須賀軍港・造船所・機関学校見学。「定遠」に皇族・大臣・陸海軍将校・貴衆両院議員等百数十名を招待。	
7月19 ～24日	神戸	石炭搭載、兵庫県県庁訪問。	［清］水兵上陸を許さず。
7月25 ～28日	宮島、呉	宮島沖碇繋、「定遠」呉入港、鎮守府内・海兵団・病院などを縦覧。	
7月29日 ～8月5日	長崎	長野知事を訪問、「定遠」佐世保訪問、地方裁判所長・控訴院長ら訪問、「定遠」に知事家族・内外貴紳を招き、艦内参観を許す。	［清］31日、水兵70名密かに上陸、笞刑に処す。 ［日］厳重に警戒。

出典：『毎日新聞』1891年7月3日～8月8日及び『東京朝日新聞』1891年7月1日～8月2日により作成。

府関係者との親善・交流に重点を置いていたようである。例えば、七月十四日には有栖川宮熾仁親王（一八三五－一八九五年、陸軍元老）をはじめとする皇族・大臣・枢密顧問官、各省次官、陸海軍将校及び新聞記者、また各国領事等内外の名士一〇〇余名を横浜停泊の旗艦「定遠」に招待して盛宴を張り、艦内残り隈なく参観させた。続いて十六日には、貴・衆両院議員ら計百数十名を同艦に招待して宴会を催し、士官が艦内巡覧の案内を行った。日本政府も前回の長崎事件の再発を防ぐべく、清艦来港前の六月二十二日、「各港地方官に対し、客人の礼をもって適切に歓待することを命じた。……長崎市長は［市民に］告示し、清艦の将士兵員への待遇は丁重でなければならないとした。[47]」

しかし、偉容を連ねた北洋艦隊の日本の主要港歴訪は表向き両国の親善を謳っていたが、一種の示威行動であるという見方も強かった。長崎港以外の各港官民は清朝艦隊を迎え入れたのは初めてであり、また来日艦船は第一次訪日よりも多い六隻の巨艦を連ねたものであり、国民に非常に大きな衝撃を与えたといわれる。例えば、当時外務次官であった林董《ただす》は、後に「［明治］二十四年の七月、丁汝昌が之を率いて横浜港に来りしを見たるより、我国人は其隆盛なる外観の為に恐怖すること極めて甚しかりし」と回顧している。[48]

また、日本の外交官が、「李鴻章ハ中国ノ海軍ハ日本ニ観シテ之ヲ懾伏セシムベシトノ考ノ一端ヲ遂ゲタル様[49]」だと観察しているように、今回の日本寄港の方が対日威嚇効果が強かったとも見られた。新聞報道でも、「都て六艦舳《じく》艫《ろ》相望んで横港の中心に碇泊す亦以て清国の威を壮ならしむるに足る[50]」などとその偉容と脅威を強調していた。

第二次日本訪問において、丁汝昌が各地寄港の際に多くの高官、名士を軍艦に招待し、豪華な宴席を張り、艦内を自由に参観させたのは自己の度量の大きさを示そうとしたものだろうが、実際は逆効果で、北洋艦隊の威力を誇示し、威嚇するものと日本側に受け止められる結果となったのである。

三　第三次日本訪問（一八九二年）

北洋艦隊の第三次日本寄港はまずは支障なく行われ、日本側の歓待を受け、両国親善の空気を醸し、遠洋航海訓練の実をあげることもできた。これを受けて、その翌年も日本寄港が行われることとなった。

表１－３　北洋艦隊の第三次日本寄港日程

期日	訪問内容
6月23日	丁汝昌、長崎県知事訪問、控訴院・地方裁判所・長崎市役所訪問。
6月24日	長崎県知事艦隊に来訪。「靖遠」「来遠」両艦長同知事訪問。
6月25日	「経遠」「致遠」「威遠」3艦長、長崎県知事訪問。
6月27日	「靖遠」「来遠」はウラジオストクへ、「致遠」「威遠」は横浜に抜錨。
7月1日	「致遠」「威遠」横浜入港。両艦長、県知事と税関長訪問。清国理事府訪問。
7月2日	李経芳公使、丁汝昌を訪問。
7月3日	丁汝昌、清国公使館往訪。
7月4日	「定遠」艦長、公使館訪問。
7月5日	丁提督・各艦長・張理事らは知事官邸に招待。水兵上陸。
7月7日	「致遠」「威遠」両艦長は「秋津州」進水式に招聘される。
7月8日	「致遠」「威遠」横浜から出港、長崎へ合流。
7月12日	「定遠」「致遠」「威遠」釜山へ抜錨、「経遠」は威海衛へ帰航。

出典：長崎県知事中野健明より外務大臣榎本武揚宛「北洋艦隊来港中ノ概況上申」甲第18号、1892年7月18日（「清国南北洋艦隊ノ運動及北洋艦隊本邦へ来航一件」外務省外交史料館所蔵、5.1.8.13）及び『毎日新聞』1892年7月2～13日、『東京朝日新聞』1892年6月28日～7月13日などをもとに作成。

一八九一年八月八日、日本から威海衛に帰港すると、翌九日、北洋艦隊提督丁汝昌は能勢辰五郎芝罘《チーフー》領事代理に礼状を送り、さらに九月六日、自ら彼を往訪して日本巡航中の厚遇に深謝し、今後日清親睦に尽力したい、今後、「毎年本邦［日本を指す］ヲ巡航スヘキ見込ミモ有之候間貴国艦隊ニモ必ラス毎歳清国ニ来港セラル、様希望ニ不堪」、翌年の日本寄港は李鴻章の承諾を待っているところだと述べた(51)。

一八九二年、いよいよ第三次の日本巡航が実現することとなった。その趣旨につき、日本側は、「前年ノ謝意ヲ表示シ併セテ旧交ヲ継続スルニ止メ更ニ明年ヲ期シ丁氏親ラ各艦ヲ引率シ神、横各地方ヲ巡航可致心算ニ有シ趣」と解釈した(52)。まず五月二十三日、北洋艦隊の六隻（「定遠」「来遠」「経遠」「致遠」「靖遠」「威遠」）は恒例の中国沿海巡航練習の碇泊港福州を出港し、廈門、広州、香港、台湾などを経て六月中旬に上海に入港、ついで丁汝昌の統率の下、同港を発し、六月二十三日に長崎に入港した。その訪問日程は表1－3のとおりである。

今回の艦隊編成は同じ六隻とはいえ前年の「鎮遠」の代わりに「威遠」を入れており、巨大な甲鉄艦が一隻減ったこと、及び日本巡航に当たり分散行動をとったことにより、艦隊の威圧感は抑えられたと見られる。また日本訪問の期間はほぼ三週間で、寄港先は長崎と横浜に限られ、寄港中は前年の往訪時の歓待に謝し、地方官・軍人と交流をすることに力を注いだ。横浜を例にとれば、前年の北洋艦隊六隻一斉入港の際とは違い、今回は「致遠」（艦長鄧世昌）、「威遠」（艦長林穎啓）二艦のみの来港であったため、だいぶ穏和な雰囲気となった。当時の新聞が、「致遠号已に前年横浜に入港せし軍艦にて当時支那艦の入港せしに付ては時節柄大に諸人が注意を為し警戒せし処なりしか今回は別段外交問題もあらざれは至て平穏にて両艦の入港する」(53)と記すとおりである。

もっとも、両港停泊中に日中間の些末の事件をも発生させなかった背後には、日本側の厳重な警備が存在した。まだ国民の間では長崎での衝突事件や前年の巨艦来港時の脅威感は鮮明に残っており、日本当局は長崎でも横浜でも、陸上及び水上で昼夜厳しい警戒網を敷いていたのである。

第三節　日本海軍の増強と対日敗戦

一　日本海軍の強化

以上のような北洋艦隊の三度の日本訪問は、長崎寄港時のような衝突こそ第一次に限られ、表面は友好的雰囲気のうちに経過したが、実際にはその巨艦を連ねた艦隊の威容と遠洋航海能力の実証とにより日本側官民に広く脅威感を行き渡らせることとなった。なかでもより直接に衝撃を受けたのは日本海軍であり、東郷平八郎のように北洋海軍の弱点を見極めて「こわいものではない」と断じた者もいる一方、「我海軍部内少壮思慮に乏しき輩は今回の変報を聞き長崎にて戦争でも開けたる者の如く思」(54)うことさえあったという。次に、北洋艦隊の日本訪問は、日本海軍にどのような影響を与え、その海軍建設にどのような変化をもたらすことになったのかを検討しよう。

一八七四年の台湾出兵後、清朝は日本を仮想敵国として海軍力構築に乗り出したが、日本側も一八七〇年代末から実質的に対清作戦準備に取りかかった。一八七八年、陸軍参謀本部の独立もすでに対清作戦に備えた措置であるとされるが、海軍の動きでは、朝鮮における日清間の対立が深まりつつある中、一八八二年十一月に川村純義（一八三六―一九〇四年）海軍卿が打ち出した第五回拡張案が注目される。この拡張により、巡洋艦「浪速」「高千穂」「千代田」

等が購入され、日本海軍は艦隊の速力を高め、清国側購入の最新鋭甲鉄艦に対抗することを図ったのだった。(55)

そして、一八八六年、北洋艦隊の第一次日本訪問後、日本では清朝艦隊の巨艦の脅威に対抗すべく海軍拡張の議論が高まり、これを仮想敵国とした海軍の整備・拡張が取り組まれることとなった。同年六月には「海軍公債証書条例」が公布され、海軍省は一八八三年より八ヶ年間に軍艦製造費二六六四万円を支出するほか、さらに今後三年間に一七〇〇万円の公債を発行し、艦艇五四隻、排水量六万六三〇〇トンを建造するという大規模な拡張計画（第一期軍備拡張）が成立した。翌八七年三月には、明治天皇自ら御内帑金《ないどきん》三〇万円を海軍建設補助費として醵出し、海軍支援の献金呼びかけの先頭に立った。(56)

さらに、すでに一八八六年より建造の始まっていた三景艦（「松島」「厳島」「橋立」）は、清国艦隊来日後これに対抗可能な能力・装備とすることが必須とされた。例えば清国の最大級の軍艦「定遠」「鎮遠」が速度一四・五ノットに三〇センチの主砲を搭載したのに対し、三景艦は排水量は劣るものの速度一六ノットに三二センチの主砲を搭載し、航海速度及び砲撃力においてこれを凌駕し、三：二の優位を作り上げようとしたのである。

また、明治日本は海軍力の質的向上も怠らず、「海軍検閲条例」（一八八六年十月二日公布）(57)により定期検閲、特命検閲を制度化したほか、一八九〇年三、四月には愛知県を中心に陸海大演習を行い、海軍軍艦二〇隻、運送艦三隻などが参加した。これらは前述の清国海軍の検閲及び合同訓練に対応した活動とも解釈できる。(58)

一八九〇年五月、樺山資紀（一八三七―一九二二年）が海軍大臣に就任後、海軍拡張はいっそう力を入れて推進された。彼は、「殊に丁汝昌が北洋の全水師を挙げて我国に来航し、以て我れを威嚇するの態度を示せしが如きは、我国防の不充実に基く結果の如何に寒心すべきものあるかを極めて痛切に具眼者の脳裡に銘せしめしものある」と語っていた。(59)北洋海軍の第二次日本寄港は意図的か否かは別として、実質上、日本中に北洋艦隊に対する強い恐怖感・脅威

表１－４　第二次日本寄港の北洋艦隊

性能／艦名	トン数（トン）	馬力（匹）	砲数（門）	速力（ノット）	機関	製造年（年）	長さ（フィート）	幅（フィート）	乗組員（名）
鎮遠 定遠	7,430	6,000	14	14.5	二重暗車	1882 1883	308.5	59	329
経遠 来遠	2,900	5,000	12	16	二重暗車	1887	270	40	202
致遠 靖遠	2,300	5,500	17	18	二重暗車	1886	250	38	202

出典：「新来の支那艦隊」（『東京朝日新聞』1891年7月1日）、「清国軍艦入港の数」（『毎日新聞』1891年7月12日）及び佚名輯「北洋海軍章程」〔沈雲龍主編『近代中国史料叢刊第24輯』（文海出版社、1968年）〕7－51頁。

表１－６　日清主力艦船比較表

	北洋艦隊６隻	日本６隻
総トン数（トン）	25,260	15,730
速力総数（ノット）	96	90
総長（フィート）	1,657	1,462
甲鉄艦数（隻）	4	1

註：表1－4、1－5をもとに作成。

表１－５　日本の主力艦船

艦名	トン数（トン）	速力（ノット）	長さ（フィート）	製造年（年）
扶桑（甲鉄）	3,718	13	220	1878
高千穂	3,650	18	300	1886
浪速	3,650	18	300	1886
高雄	1,760	15	230	1889
葛城	1,476	13	206	1887
大和	1,476	13	206	1887

出典：「清国軍艦入港の数」（『毎日新聞』1891年7月12日）及び海軍大臣官房編『海軍軍備沿革　附録』（巌南堂、1970年）11－13頁より作成。

感の広がりを招き、日本海軍の対抗的拡張を招いたことはここからも読み取れる。

第二次来日の際、横浜に寄港した北洋艦隊の詳細は表１－４のとおりである。

上記六艦はいずれも二艦ずつ同型の姉妹艦で、「定遠」「鎮遠」は船体厚一四インチの甲鉄艦、「経遠」「来遠」は巡洋甲鉄艦、「致遠」「靖遠」は巡洋艦で、これらは清国軍艦中でも最強のものであった。

それに対し、日本の常備艦隊中の主力艦六隻は表１－５のとおりであった。

上記二表からさらに日中主力艦船の性能を比較しよう

（表1－6）。

この表から、中国の軍艦は容量、速力、長さ、装備のいずれにおいても日本のそれを凌駕していたことが一目瞭然である。また、海軍艦船の総トン数を比較しても、中国の九万トンに対し日本は五万トンであり、日本が劣っていた。このような軍事格差と当時の清朝中国＝大帝国イメージからすると、北洋艦隊の寄港が一種の対日示威・威嚇行動と見なされ、これを脅威視する風潮が生まれ、対抗的拡大が企図されたのは当然であろう。北洋艦隊の第二次寄港中、『毎日新聞』の論説は、「支那六艦横浜港湾に入り来りし時余輩は思へらく日本海軍拡張説の行はるゝと否とを見るは此一挙にあり(60)」と記している。

しかし、海軍拡張には多額の経費を要し、そのための予算配分を得るには社会の理解が不可欠である。そこで、日本海軍としても社会への広報に力を入れざるを得なくなった。すなわち、従来日本海軍は一般国民にとって疎遠な存在であったため、軍艦や造船所等の参観を通じて、「人民に海軍と云へることを知らしむるを第一要務とす(61)」とされた。そして、清朝艦隊の停泊中の七月十四日、日本第一の軍艦「扶桑」の参観が始められ、新聞記者六、七名が招かれ、以後、軍艦参観の回数も増やされ、社会全般の海軍への関心を高めることが図られた。この間、十六日には、清朝側は貴・衆両院議員を「定遠」艦に招き参観させていたが、それはむしろ彼我の軍事力の懸隔を認識させることとなり、「我海軍の為めには幾分の便あるべし(62)」と解釈された。また、従来、平時の海難救助や在外居留民保護への海軍の取り組みは遅れていたため、今後はこれらの面をも重視し、海軍の功績を顕し、国民の信頼を得、その必要性を事実において知らしめることが図られた。

こうして、一八九一年七月八日、樺山海軍大臣は軍艦増製の計画を閣議に提出した。すなわち、明治二十五年度以降三十三年度にわたる九ヶ年間（一八九二～一九〇〇年）に総計五八五五万二六三六円の予算をもって、甲鉄艦四隻、巡航艦六隻、通報艦一隻、合計一一隻（七万三九〇〇トン）及び航洋水雷艇一二隻、一等水雷艇四八隻を新造しようとするものである[63]。この計画によれば、一九〇〇年には既存艦船とあわせて保有軍艦総トン数が一二万トン以上に達するはずであったが、一部のみ認められたにすぎず、第二回・第三回議会（一八九一年十一月二十一日～十二月二十五日、一八九二年二月十五日～六月十五日）に提出されたものの、成立は見送られた。

だが、海軍軍人からは清国「定遠」のごとき堅艦に対抗するため、明治二十四（一八九一）年度の余剰金六五〇万円を、「何ハ扨置き此最大急務なる軍艦製造に使用するこそ最も其当を得たるもの」との意見が提起され、新聞にも報道され[64]、結局、軍艦製造費一八〇万円として臨時支出が認められた[65]。

また、北洋艦隊の第三回来日の翌年、一八九三年二月十日、明治天皇は臣僚及び帝国議会の各議員に対し、「国家軍防ノ事ニ至リテハ苟モ一日ヲ緩クスルトキハ或ハ百年ノ悔ヲ遺サム朕茲内廷ノ費ヲ省キ六年ノ間毎歳三十万円ヲ下付シ又文武ノ官僚ニ命シ特別ノ情状アル者ヲ除ク外同年月間其俸給十分一ヲ納レ以テ製艦費ノ補足ニ充テシム」との詔勅を下した。軍艦製造費のため皇室内帑金の一部を醵出するほか、文武官僚の給与一割納付を命じたのである。これを契機に、第四議会（一八九二年十一月二十五日～一八九三年三月一日）は軍艦製造費を復活、修正議決し、明治二十六年度より三十二年度にわたる七年間（一八九三～一八九九年）に一八〇八万二五二五・五五八円を継続支出する旨、決定したのである[66]。

こうして、日清戦争前には、日本海軍は軍艦三一隻、水雷艇二四隻の合計五五隻、総排水量六万一三七三トンを保有するようになったのである。

二　北洋海軍の敗戦、消滅

以上のように、北洋艦隊の日本巡航以来、日本海軍の拡張が勢いよく推進されていったのとは逆に、北洋海軍の拡大は一八八八年で止まり、南洋海軍も初回合同演習から一八九四年までの間、福建船政局製造の小艦船二、三隻を新たに配備したのみであった。「北洋海軍章程」は、北洋海軍はなお一軍の編成に足りない（原文「未足云成軍」）と記し、さらに軍艦一六隻、水雷艇一二隻、護衛艦六隻及び練習、運送艦八隻を含む四二隻までに拡大することを計画していたが(67)、清朝は財政困窮に加えて頤和園等の建築及び西太后の六〇歳祝賀等の行事支出が多く、海軍費が確保されず、北洋海軍は整備・拡張のための資を欠くこととなった。

だが、単に新たな艦船製造の停止、総トン数の停滞という面だけで、海軍の優劣は計れないだろう。日清戦争での両国海軍の明暗を分けた原因に関し、より深い検討が必要である。

従来、日清戦争における北洋海軍全滅の原因について、清朝専制統治の腐敗、財政困窮といった一般的な体制的要因のほか、戦前外交を含めた戦争指導、作戦方針、戦術及び士気面における対日格差があげられてきた。例えば、開戦前、日本政府がすでに対清戦争に備えて軍事・政治を運用してきたのに対し、清朝側はもっぱら欧米諸国の対日干渉に依存し、最後まで消極的な衝突回避方針をとり続けた(68)。また黄海海戦での「雁行陣」のような戦術的失敗、軍艦速度の不揃いからくる運動能力の低さ、将兵の技術・訓練での劣位も大きな敗北要因であったというのも定説となっている。

だが、二〇年近くにわたって建設されてきた北洋海軍が艦船性能及び保有量から見れば日本より優れているのにもかかわらず、黄海海戦、威海衛海戦で全滅となったのには、それ以上の要因が隠されているように思われる。この点について、前述の北洋海軍の建設と運営の過程、及び三度の日本寄港に関連して検討すると、以下のような新たな要因が浮き彫りになってくる。

(1) 真の近代的軍隊になっていなかったこと

中国の伝統的軍隊では兵員数の虚偽申告、給与着服は日常茶飯事であった。清朝海軍も、海軍衙門創立時に各地督撫に老弱の旧兵を強壮なる新兵に取り替えるべく命じ、「是迄ノ如ク多数ノ勇［志願兵］ヲ養フタルコトト書出シテ実ハ幾分ノ虚数ヲ置キ其給金ノ差ヲ以テ役人ノ懐ヲ肥シ又監督官ガ験《ママ》査ニ来リタルトキハ東ヲ以テ西ヲ補ヒ一時ノ間ニ合セヲナス如キハ相成ラ」ぬようにしたが、旧態脱却は容易ではなかった。(69)そもそも、清朝の軍制では世襲の八旗、緑営を置くほか徴兵制がなく、海軍兵士は民間から募集したが、新たな巨艦に乗り組む水兵にしても「多くは無頼の徒(70)」と評されるような状況であった。兵員補充、士卒訓練も上部の視察時に表面だけ繕うような悪習が残っており、一八九一年の南洋・北洋艦隊連合大演習の際、山東巡撫張曜が済南から芝罘までの沿途駐屯の兵勇を検閲したが、日本外交官の観察では、なお「当国ニ於ケル演習ハ往々如斯其期ニ通リテ急ニ営兵ヲ補充シ兵器研磨シ士卒ヲ訓練スルモ検閲終了ノ翌日ヨリ直ニ遊惰緩慢不規則ニ復スル」という状況であったという。(71)また、一八九四年五月、李鴻章が第二次各艦隊連合大演習の一環として芝罘の砲台・守備兵隊を検閲した際も、「海防嵩民《すうみん》ノ両営トモ夫々定員アリテ政府ヨリハ兼テ全経費ヲ下付シアル趣ニ候得共平素ハ制規ノ兵員ヲ養フコトナク専ラ経費ヲ節シテ是ヲ自己ノ得分トスル(72)」状況で、検閲時のみ臨時に兵を募り、あるいは借り入れて取り繕っていたのである。

このように、軍艦は強大堅固の新艦であったが、乗務人員は人数充足も危うく、訓練も未熟な、実戦・艦船勤務能力も疑わしいものであった。その上、海軍将校は十分な訓練を受けておらず、指揮官の間は不統一であり、清朝海軍はまだ近代国家の軍隊になり得ていなかったのである。

（2）全国海軍の統一失敗

前述のように、李鴻章は南洋・北洋海軍の分裂を大いに憂い、一八九一年春に南洋海軍の組織を改め、旧部下の郭宝昌をその統領に命じ、合同訓練を実施し、漸次南洋・北洋海軍の統合を実現しようと試みた。しかし、郭宝昌はもと太平天国討伐時に自分が二万の兵を率いる将領であり、丁汝昌はただ一小隊の長にすぎなかったことから、丁の麾下に服すことに頗る不満を持ち、一八九一年の第一回大演習で南洋艦隊の六隻が北上参加し、北洋海軍の指揮下に属させ、合同運動を行ったとはいっても、それは一時的なものに止まり、南洋・北洋艦隊の指揮権は統一されなかった。そして、一八九二年二月郭宝昌はついに南洋海軍統領を辞し帰郷し、南洋艦隊は統率を欠く状態に陥った。

一方、このような李鴻章の南洋・北洋海軍の統一化推進は南洋大臣・両江総督の劉坤一《りゅうこんいつ》の権限を浸食するものであったため、劉は激しく反発し、「各洋水師ハ素ト其専属スル所ノ封疆ヲ守ルベキモノニシテ恣ニ其守疆ヲ棄テ、他省ニ赴クベキモノニアラス」(73)と北洋海軍の動きを批判した。一八九一年、山東巡撫張曜の死後、劉は海軍衙門の幇同辦理も兼ね、郭宝昌辞職後、南洋艦隊を両江総督、すなわち自己の管轄下に置くことにした。以後、南洋・北洋両艦隊の合同演習は中止された。

元来、清朝の軍制では陸・海を問わず、地域ごとに軍隊の統率と財政維持がなされ、南洋艦隊は南洋大臣、閩粤《びんえつ》艦隊は福建・広東督撫に属し、これにより育成されてきたのであるから、彼らの海軍指揮権を回収し、海軍衙門に移すのは容易なことではなかった。また、各艦隊の将兵は地方的に育成されてきたため、相互の融和は簡単ではなかった。

海軍の中央集権化は北洋艦隊による他艦隊の合併統合となるため、それは北洋大臣李鴻章による他の督撫の権限浸食を招くものであり、清代の分権的統治体制、各有力者間の権力均衡体制[74]の下では容易に実現されないのであった。このように、南洋・北洋海軍の統一は清朝の統治体制それ自身に起因する要因によって、困難を極めた。

かくして、日清戦争に当たって、日本側が全国海軍を総動員したのに対し、清朝は北洋海軍のほかはわずか広東海軍三隻を動員できたにすぎず、南洋海軍は全くこの戦いに関与しなかったのである。

（3）日本への軍事情報暴露

北洋艦隊の三次にわたる日本寄港・修理は、軍艦性能・装備から搭乗将兵の構成及び資質・規律・生活様式に至るまで多くの情報を日本に伝えることとなった[75]。また、日本側は、仮想敵たるべき北洋艦隊の来港を絶好の機会として、いっそうの情報収集に精力を傾けた。

日本側は、まず北洋艦隊乗組員の構成と資質に着目した。すなわち、来日艦隊では将校の年齢が日本より若く、教育水準も高く、とくに艦長級では林泰曾《りんたいそう》（「鎮遠」艦長）、劉歩蟾《りゅうほせん》（「定遠」艦長）、葉祖珪《ようそけい》（「靖遠」艦長）、林永昇《りんえいしょう》（「経遠」艦長）のように国内の海軍学堂卒業後、イギリス留学の者が多いほか、水兵も二〇、三〇代の身体強壮の若者により構成されていた。さらに、欧米人が機関士、砲術教官、運用術教官、機関士補助として合計十余名乗り組んでいた。同艦隊では一八九〇年まではラング英海軍大佐が軍紀訓練を、水雷艇隊はロジャー英海軍少佐が訓練・監督し、すべて英国式のものを取り込んでいた[76]。

しかし、日本側は、北洋艦隊の艦長以下将兵の人事・管理・生活規律における悪習の残存をも見逃さなかった。すなわち、多くの艦長は自己の親戚・友人を文案・支応委員［書記または主計官］に勧めさせ、自己に専属させていた。

平時において、水兵の諸操練は極めて不活発で、士気は低く規律も厳格とはいえない。「定遠」の呉碇泊の際、同鎮守府参謀長東郷平八郎は、同艦自慢の主砲に兵員の汚れた洗濯物が一列にぶらさがっているのも見た[77]。また、水兵はアヘン喫煙・賭博の弊習を脱する様子はなかった[78]。水兵の服装は洋服でなく伝統的衣服で、とくに長い袖と太い半長靴が非活動的で戦闘向きではなかった。このような靴は疲れやすく、「一里も歩行したる後敵に遇はば戦も出来ず逃ることも出来ず見す見す敵の俘虜とならん[79]」、と日本側は観察した。

このほか、第二回の日本寄港に当たり、北洋艦隊の旗艦「定遠」では多くの日本官民を招いてたびたび饗宴を張り、その内部構造、船室配置、装備も大々的に公開されることとなった。日本の海軍軍人はこの際に艦内の隅々まで観察し、その戦時指揮上の要点を把握するを得た。すなわち、「定遠」はドイツのフルカン社製で諸機具もすべてドイツ製であり、船体構造は下層に石炭庫、機械室、食料室、上層左右両舷に士官室を設け、中央に料理部屋等を置き、船首に病院、最上層櫓の方に艦長室（二間）があることが看取された。また、軍艦指揮の中枢である号令台に関し、日本の新聞にまで、「号令台（戦時指令《ママ》官の見張る処にて四方八方に窓を明け夫れから敵の動止を窺ひ且つ電鈴を以て艦内総ての処に号令を下す場所なり）は楕円形にして横二間長五六間計りなりし[80]」と詳しく報道された。北洋艦隊の第二回訪日の結果は、その乗組員から艦内構造に至る重要な情報を日本側に与えることになったのであり、致命的といってもよい結果をもたらした。

すなわち、日清開戦後、黄海海戦において北洋艦隊はすぐに旗艦「定遠」の号令台を日本艦に狙われ、砲撃を受けて丁汝昌は重傷を負い、指揮不能となり、「経遠」「致遠」「来遠」「靖遠」「定遠」を相次いで失い、「鎮遠」「済遠」「平遠」「広丙」「鎮東」「鎮西」「鎮南」「鎮北」「鎮中」「鎮辺」の一〇隻（総排水量合計一万五千余トン）を日本側に鹵獲され、全滅することとなったのである[81]。

おわりに

一八八四年七月、清仏戦争、馬江の戦いで福建海軍が壊滅した後、清朝は鋭意北洋海軍を中心に海軍再建に努め、一時は明治日本に大いなる脅威を与えたが、一〇年後、日清戦争において再び壊滅する結果となった。このような盛衰の激しさは世界の海軍史上でも類のないものであろう。

清朝は一八七四年の台湾出兵により大きな衝撃を受け、一八七〇年代半ばより海軍建設の重点を西洋列強の侵略への対処から日本勢力の拡大抑制に転じた。海軍は元々は南方が先行したが、後には北洋海軍を優先的に整備・育成する方針をとり、巨大な甲鉄艦「鎮遠」「定遠」の購入を始め、その艦船保有量及び主要艦性能において日本を凌駕し、一八八八年には北洋艦隊をアジア第一の艦隊にまで発展させた。この間、琉球帰属から朝鮮権益争奪をめぐって日清間の紛議が絶えず、日本側も清国を仮想敵として海軍力の整備に力を注いだ。

一八八〇年代後半以後、李鴻章は北洋艦隊の艦船購入・拡充のみならず、艦隊の統合訓練、将兵の戦闘力・技術力向上をも重視するようになり、遠洋航海訓練の一環として日本寄港を行わせた。だが、北洋艦隊の日本寄港や長崎における衝突事件は、日本にとっては巨艦の威容を連ねた示威行動と受け止められ、清朝への脅威感・敵愾心を生み出し、日本側の対抗的な軍備拡張を促した。また、この日本訪問は同艦隊の長所・短所を含めた諸情報を余すことなく公開することとなり、日本海軍に利用されることとなってしまった。

このように、李鴻章に指導された清末の洋務政策——王朝体制保全を前提とした部分的近代化政策——の所産であり、近代中国海軍を代表する北洋海軍は、その創立・拡大から消滅に至るまで、実に日本との関係が深いことが改めて確認されるであろう。とりわけ、本章の考察は、三度にわたる日本寄港が日本側の対抗的海軍拡張と情報漏洩により、日清戦争での敗戦に直接結びつくものであることを明らかにした。

では、日清戦争後、中国海軍の再建はどのように進展し、またそれは清朝政治の変化や日中関係とどのように関連したのだろうか。次章で検討を行おう。

註

（1）清朝海軍についての邦文の研究としては、田中宏巳「清末における海軍の消長（一）～（三）」（『防衛大学校紀要』第六十三～六十五輯、一九九一年九月、一九九二年三、九月）が日清戦争以前における清国四艦隊、とりわけ北洋艦隊の創立過程を詳しく論述した唯一のものであり、細見和弘「李鴻章と戸部——北洋艦隊の建設過程を中心に——」（『東洋史研究』第五十六巻第四号、一九九八年三月）は、経費調達をめぐる清朝中央と地方との関係を基軸に一八八〇年代半ばまでの北洋艦隊の建設難を取り上げている。だが、北洋艦隊と日本との関係について論じた研究は邦文ではなく、中国では日清戦争での敗北、崩壊にのみ集中している。

（2）日本の研究では、中塚明『日清戦争の研究』（青木書店、一九六八年）、信夫清三郎著、藤村道生校訂『増補　日清戦争——その政治的・外交的観察——』（南窓社、一九七〇年）などがその代表である。中国側の代表的な研究は、戚其章『北洋艦隊』（済南、山東人民出版社、一九八一年）、同『晩清海軍興衰史』（北京、人民出版社、一九九八年）、王家倹『李鴻章與北洋海軍——近代中国創建海軍的失敗與教訓——』（台北、国立編訳館、二〇〇〇年）などがあるが、日本側の資料がほとんど利用されていない。

（3）一八七四年十月三十一日、イギリスの居中調停により日中両国の間に「日清議定書」〔中国側は「北京専条」と称する〕が調印され、（一）清国が日本の出兵を「保民の義挙」として認め、（二）琉球被害民遺族に対する見舞金として一〇万両、現地に建設した日本軍の宿営や道路を譲渡する補償金として四〇万両を日本政府に支払うことを定めた〔財団法人海軍歴史保存会

（4）『日本海軍史』第一巻（第一法規出版株式会社、一九九五年）二二一頁）。
（5）「泰西雖強、尚在七萬里以外、日本則近在戸闥伺我虚実、誠為中国永久大患」（宝鋆等編『籌辦夷務始末　同治朝』巻九十九（沈雲龍主編『近代中国史料叢刊』第六十二輯、台北、文海出版社、一九七一年）三二頁（総九一五三頁））。
（6）琉球処分後にも、李鴻章は「今、海軍創設に努めて余念がないのは、ほとんど日本を制御せんがためである」と論じていた（「李鴻章議復梅啓照条陳折」一八八一年一月十日（張俠等『清末海軍史料』北京、海洋出版社、二〇〇一年）二四頁、参照）。
（7）当時日本が有した甲鉄艦は、「東」（一、三五八トン）と「龍驤」（二、五三〇トン）の二隻で、ともに実際は一部甲鉄を張った木造艦であった。
（8）「著李鴻章沈葆楨分別督辦南北洋海防諭」一八七五年五月三十日（前掲『清末海軍史料』）一二頁。
（9）「奕訢等奏請由洋税釐金項下撥南北洋海防経費折」一八七五年七月十二日（同右）六一六―六一七頁。
（10）田中宏巳「清末における海軍の消長（二）」を参照した。同論文は北洋海軍の成立年に関して、中国の通説（一八八八年）を批判し、イギリスから「龍驤」（日本の「龍驤」と同名別艦）など四隻の砲艦を購入した一八七九年がその成立年であり、その後は増強期で、一八八八年は増強が完了した年であり、さらに人材管理面を加味すると一八九〇年を絶頂期と見なしている。
（11）池仲祐『海軍大事記』（附：甲申、甲午戦事記）（前掲『近代中国史料叢刊』続編第十八輯、一九七五年）七頁。
（12）「鉄甲籌款分別続造摺」一八八一年五月二十四日（『李鴻章全集』（呉汝綸『李文忠公全集』及び李国傑『合肥李氏三世遺集』の「文忠公遺集」の合本〈一九〇五年復刻版〉第三冊：奏稿（一八八〇～八七年）、海口、海南出版社、一九九九年））一二五二一―一二五四頁。
（13）天津領事波多野承五郎より外務大臣井上馨宛電信「李鴻章入観並海軍拡張及台湾巡撫設置ノ件」一八八五年十月六日（同月二十日接受）、機密信第六六号（外務省外交史料館所蔵、5.5.1.9）。
（14）天津領事波多野承五郎より外務大臣井上馨宛電信、機密信第六二号、一八八五年九月二十七日（同右）。
（15）「上李伯相覆議何学士如璋奏設水師書」一八八一年冬（馬建忠『適可斎紀言紀行』（前掲『近代中国史料叢刊』第十六輯、一九六八年）一七頁）。この意見書については、坂野正高「馬建忠の海軍論――一八八二年の意見書を中心として――」（川野重任『アジアの近代化』東京大学出版会、一九七二年）に詳しい。
（16）「統籌全局擬請先従北洋精練水師一支以為之倡此外分年次第興辦等」（天津領事波多野承五郎より外務大臣井上馨宛電信「抄録清暦光緒十一年九月初六日京報」一八八五年十月二十三日）、機密信第七七号（前掲「李鴻章入観並海軍拡張及台湾巡撫設置ノ件」5.1.1.9)〕。

（16）一八八七年には李鴻章麾下の北洋海軍は、甲鉄艦「鎮遠」及び「定遠」、巡洋艦「済遠」「致遠」「靖遠」「経遠」「来遠」「超勇」及び「揚威」（計七隻）、砲艦「鎮中」「鎮辺」「鎮東」「鎮西」「鎮南」及び「鎮北」（計六隻）、魚雷艇六隻、練習船「威遠」「康済」「敏捷」（計三隻）、そして運送艦「利運」、合計二五隻を保有した〔佚名輯「北洋海軍章程」（前掲『近代中国史料叢刊』第二十四輯、一九六八年）三―四頁〕。

（17）同右、一二五―一六二頁。

（18）同右、二七七―二七八頁。

（19）同右、二七三―二七五頁

（20）丁汝昌（一八三六―一八九五）、字禹廷《うてい》、安徽省廬江県出身。太平天国及び捻軍討伐の際、陸軍将領として軍功あり、李鴻章に抜擢される。一八七七年、海軍に入り、清朝がイギリスに注文した軍艦「超勇」「揚威」を受け取り、八一年十月帰国、北洋水師統領となる。一八八二年九月直隷天津鎮総兵、一八八八年海軍提督になる。日清戦争で負傷、一八八五年二月、威海衛で対日降伏を拒み自殺〔「丁提督」（『毎日新聞』一八九一年七月九日）、「丁提督の事」（同、七月十日）及び蔡冠洛編『清代七百名人伝』（前掲『近代中国史料叢刊』第六十三輯、一九七一年）一二四二頁など参照〕。

（21）芝罘領事館書記生能勢辰五郎より青木周蔵外務次官宛「清国南北洋艦隊ノ運動及北洋艦隊本邦へ来航一件」機密第四三号、一八八九年十月二十五日（十一月六日接受）（外務省外交史料館所蔵、5.1.8.13）。

（22）天津駐在領事代理荒川巳次より榎本武揚外相宛、機密第一一号、一八九一年七月三日（同月十七日接受）（同右）及び「直隷総督李鴻章山東巡撫張曜会奏巡閲海軍台塢巳竣」〔沈桐生輯『光緒政要』（前掲『近代中国史料叢刊』第三十五輯、一九六九年）〕九〇八―九一二頁。

（23）「大連湾の演習」（『朝野新聞』一八九一年七月七日）。

（24）王炳耀輯『甲午中日戦輯』（前掲「近代中国史料叢刊」第一輯、一九六六年）二七―三二頁。

（25）何漢文『中俄外交史』（上海、中華書局、一九三五年）一四一頁。

（26）直督李鴻章致総署報俄船窺伺永興湾丁汝昌等已乗鉄艦赴韓電、六月三十日〔七月一日の誤り〕〔『清季外交史料（三）』〈光緒朝〉（台北、文海出版社、一九六三年影印版）〕七三頁。

（27）「覆陳海軍規模籌辦船塢」一八八六年一月三日〔前掲『李鴻章全集』（海軍函稿、巻一）、第五冊〕二八四一頁。

（28）「致徳璀林：香港船塢不接納定鎮二艦」一八八六年七月九日〔謝忠岳編『北洋海軍資料彙編』（北京、中華全国図書館文献縮微複製中心、一九九四年）一一三―一一四頁。

(29) 長崎事件の先行研究には、安岡昭男『明治前期日清交渉史研究』（巌南堂書店、一九九五年）及び王家倹「中日長崎事件交渉」（『国立台湾師範大学歴史学報』第五期、一九七七年四月）があり、それぞれ日中の側から事件の経過や両国政府の対応振りについて詳しく論じている。

(30) 清国側支払いの撫恤料一万五五〇〇円の内訳は、死亡警部一名の遺族へ六、〇〇〇円、死亡巡査一名の遺族へ四、五〇〇円、負傷し障害を得た巡査二名へ五、〇〇〇円。日本側支払いの撫恤料五万二五〇〇円の内訳は、死亡士官一名の遺族へ六、〇〇〇円、死亡水兵七名の遺族へ三万一五〇〇円、負傷し傷害を受けた水兵六名へ一万五〇〇〇円である〔井上外務大臣より内務、司法等各大臣宛「長崎事件ニ関スル談判ハ完結セル旨報知ノ件」一八八六年二月九日（前掲『日本外交文書』第二十巻、五九〇―五九二頁及び外務省編纂『日本外交文書』明治年間追補、第一冊、一九六三年、四六八頁）〕。

(31) 直督李鴻章致総署徐承祖辦結崎案似可準行電、一八八七年一月二十七日（前掲『清季外交史料（三）』）一二九―一三〇頁。

(32) 内容は以下のとおり。

第一条　此国ノ軍艦彼国ノ港ニ入進シタルトキハ艦長ハ自ラ其地方官ヲ成ルヘク速ニ訪問シ入港ノ主意ヲ陳述スベシ又地方官其訪問ヲ受ケタルトキハ遅クモ其翌日マテニ該艦ニ至リ其答礼ヲ為スベシ

第二条　此国軍艦彼国ニ入港シタルトキハ艦長ハ其本国公使若クハ領事又ハ地方官ニ就キ其地方ノ警察規則衛生規則検閲規則其他地方ノ重要ナル慣例ヲ詢知スヘシ此レヲ承知セサル間ハ艦内乗組員ノ上陸遊歩ヲ許スベカラズ

第三条　此国軍艦彼国ノ港ニ碇泊中其乗組員ノ上陸ヲ要スルトキハ水兵ハ勿論乗組員一同ヘ艦長ヨリ其地方ノ法律規則ノ大意ヲ訓誨シ違背セサル様厳命ヲ伝フヘシ

第四条　此国ノ軍艦彼国ノ港内ニ於テハ水兵ヲ一度ニ十名以上上陸遊歩スルヲ許サズ若シ十名以上一度ニ上陸遊歩セシムル事ヲ要スルトキハ艦長宜ク先ツ地方官ニ面会シ多数ノ水兵上陸スルモ不意ノ騒擾ヲ生セサル方法ヲ協議シ地方官ノ承諾ヲ得タル後ニ非サレハ上陸セシムル事ヲ得ス且此水兵ニハ必ス取締トシテ士官ヲ附添フヘシ又一日ニ五十名以上ノ水兵ヲ上陸遊歩セシムルヲ得ス

第五条　此国ノ水兵彼国ノ各港ニ於テ上陸遊歩スル時間ハ日出ヨリ日没マテニ限ルモノトス其以外ノ時間中水兵ノ上陸ヲ要スルトキハ艦長ハ其取締トシテ之ニ士官ヲ附添へ其旨予メ地方官ニ通知スヘシ

井上馨外相より内務、司法等各大臣宛「長崎ニ於ル清国水兵暴行事件ニ関シ本邦駐劄清国公使トノ談判筆記送付ノ件」一八八六年一月十三日（前掲『日本外交文書』第二十巻）五四三―五四五頁。

(33) 前掲『日本外交文書』明治年間追補、第一冊、四五三頁。
(34) 同右、四六四頁。
(35) 同右、四四八頁、四五二頁、四六四頁。
(36) 井上外相より清国駐日公使徐承祖宛書翰「外務大臣書簡」八月二十一日（『秘書類纂十　兵政関係資料（長崎港清艦水兵喧鬪事件）』原書房、一九七〇年）一五四頁。
(37) 「風説区々」（『毎日新聞』一八八六年八月十九日）。
(38) 井上馨侯伝記編纂会『世外井上公伝』第三巻（内外書籍株式会社、一九三四年）七二二―七二三頁。
(39) 吉野作造『対支問題』（日本評論社、一九三〇年）三頁。
(40) 在芝罘領事館書記生能勢辰五郎より外務次官岡部長職宛「南北洋水師本邦へ航行外二件上申」機密第二九号、一八九〇年十一月十七日（同十二月五日接受）（前掲「清国南北洋艦隊ノ運動及北洋艦隊本邦へ来航一件」5.1.8.13）。
(41) 「丁提督」（『毎日新聞』一八九一年七月九日）。
(42) 在芝罘領事代理能勢辰五郎より外務大臣青木周蔵宛「清国各水師大演習李鴻章南下検閲並ニ清国北洋水師ノ一部分本邦回航之件」機密第八号、一八九一年五月五日（前掲「清国南北洋艦隊ノ運動及北洋艦隊本邦へ来航一件」5.1.8.13）。
(43) 前掲『日本外交文書』明治年間追補、第一冊、四六九頁。
(44) 「北洋大臣来電」一八九一年六月二十七日電報檔（『清光緒朝中日交渉史料』上、台北、文海出版社、一九七〇年影印版）二三四頁。
(45) 「軍機処電寄李鴻章諭旨」一八九一年六月二十九日電寄檔（同右）二三四頁。
(46) 「清国各水師大演習李鴻章南下検閲並ニ清国北洋水師ノ一部分本邦回航之件」（前掲「清国南北洋艦隊ノ運動及北洋艦隊本邦へ来航一件」5.1.8.13）。
(47) 『申報』（影印本、上海、上海書店、一九八六年）一八九一年七月五日。
(48) 「支那艦隊の威光」（林董『後は昔の記他　林董回顧録』平凡社、東洋文庫、一九七〇年）二五九頁。
(49) 前掲『日本外交文書』明治年間追補、第一冊、四六九―四七〇頁。
(50) 「清国軍艦の懇親会」（『朝野新聞』一八九一年七月十五日）。
(51) 外務大臣榎本より海軍大臣樺山資紀宛「北洋水師提督丁汝昌ニ面晤ノ件」送第三六号、一八九一年九月二十五日（『明治廿四年　公文備考　艦船部上』巻四、⑩公文備考M24―4、防衛省防衛研究所図書館所蔵）〇六六二―〇六六七頁。

(52)芝罘駐在領事代理能勢辰五郎より外務大臣榎本武揚宛「清国北洋水師本邦ノ回航ノ件」機密第四号、一八九二年三月三十日（同年四月十四日接受）（前掲「清国南北洋艦隊ノ運動及北洋艦隊本邦へ来航一件」5.1.8.13）。
(53)「支那艦隊の入港」（『毎日新聞』一八九二年七月二日）。
(54)「勇勃々」（同右、一八八六年八月十九日）。
(55)篠原宏『海軍創設史――イギリス軍事顧問団の影――』（リブロポート、一九八六年）三二五頁。
(56)海軍有終会『近世帝国海軍史要（増補）』（原書房、一九七四年）二五―二六頁。
(57)『官報』第九八〇号（一八八六年十月五日）三七―四〇頁。
(58)陸軍省『明治天皇御伝記史料　明治軍事史』上（原書房、一九六六年）八〇七―八一三頁。
(59)安井滄溟『陸海軍人物史論』（博文館、一九一六年）一九七頁。
(60)『毎日新聞』一八九一年七月十四日。
(61)「海軍落胆」（同右、一八九一年七月十六日）。
(62)同右。
(63)海軍大臣官房『海軍軍備沿革』（巌南堂書店、一九七〇年）四三頁。
(64)「肝付海軍大佐の軍艦論」（『東京朝日新聞』一八九一年七月十七日）。
(65)「二十五年度予算案」（同右、一八九一年九月十七日）。
(66)前掲『海軍軍備沿革』四八―四九頁、前掲『近世帝国海軍史要（増補）』二〇九―二一〇頁及び堤恭二『帝国議会に於ける我海軍』（原書房、一九八四年）三八―三九頁。
(67)前掲「北洋海軍章程」四―五頁。
(68)前掲『日清戦争の研究』二四四頁。
(69)波多野承五郎天津領事より井上馨外相宛、機密信第七四号、一八八五年十月二十日（前掲「李鴻章入覲並海軍拡張及台湾巡撫設置ノ件」5.1.1.9）。
(70)『毎日新聞』一八八六年八月二十日。
(71)能勢辰五郎芝罘領事代理より青木周蔵外相宛「清国各水師大演習李鴻章南下検閲並ニ清国北洋水師ノ一部分本邦回航之件」一八九一年五月五日、機密第八号（前掲「清国南北洋艦隊ノ運動及北洋艦隊本邦へ来航一件」5.1.8.13）。
(72)伊集院彦吉芝罘駐在二等領事より林董外務次官宛「清国水師大演習並ニ北洋大臣李鴻章等巡検ノ件」機密第二号、一八九四年二月三日(同月十七日接受)、二十一日海軍大臣に転送(前掲「清国南北洋艦隊ノ運動及北洋艦隊本邦へ来航一件」5.1.8.13)。

(73) 芝罘駐在領事代理能勢辰五郎より外務大臣榎本武揚宛「清国北洋水師ノ運動並ニ南洋水師ノ件」機密第一号、一八九二年二月十七日(三月四日接受)(前掲「清国南北洋艦隊ノ運動及北洋艦隊本邦へ来航一件」5.1.8.13)。

(74) 坂野正高『近代中国政治外交史』(東京大学出版会、一九七三年)一七—一八頁、三一一—三一二頁。

(75) 馬幼垣は、北洋艦隊の日本寄港、艦船修理は、その軍事機密を暴露する失策であると最初に指摘した(馬幼垣「中日甲午戦争黄海海戦新探一例——法人白労易與日本海軍三景艦的建造——」(戚俊傑・劉玉明主編『北洋海軍研究(第二輯)』天津、天津古籍出版社、二〇〇一年)。

(76) 「北洋艦隊の状況」(『東京朝日新聞』一八九一年七月三日)。北洋海軍の訓練とイギリス顧問の活動については、左記が詳しい。John L. Rawlinson, *China's Struggle for Naval Development, 1839-1895* (Cambridge, Mass. : Harvard University Press, 1967), pp.157-166.

(77) 小笠原長生『聖将東郷全伝』第三巻(国書刊行会、一九八七年)三一八—三一九頁。原文では軍艦「平遠」と記しているが、呉に碇泊したのは「定遠」のみだったことから「定遠」の誤りと思われる。

(78) 「清国水兵の模様」(『東京朝日新聞』一八九一年七月八日)。

(79) 「日本支那海軍の比較」(『毎日新聞』一八九一年七月十六日)。

(80) 「定遠艦の構造」(同右、一八九一年七月十六日)。

(81) 前掲『近世帝国海軍史要(増補)』六六—六七頁。

第二章　日清戦争後の海軍再建

はじめに

清朝の海軍は日清戦争の敗戦により消滅し、その後も清朝財政の困難のため再建できなかったというのが一般的な見方である。そのため、これまでの近代中国海軍の研究は、清末の北洋海軍建設から日清戦争での崩壊までを対象とするか、あるいは辛亥革命以後の中華民国時期、とくに国民政府成立以後を研究対象としてきた。しかし、実際には日清戦争から辛亥革命までの十数年間においても中国海軍は決して消滅したわけではなく、艦船購入、艦隊再編、軍政機構の整備、人材養成など海軍再建の努力が積み重ねられており、宣統帝期（一九〇九―一九一一年）に至ると、相当再建が進んだ。本章では、清朝最末期における海軍再建の実態を明らかにするとともに、これと同時期の清朝の政治的変化――満洲貴族の統治権掌握と中央集権化――の内的連関を解明することを目的とする。

以下、中央レベルの海軍機構の再建、海軍再建の具体策立案・実施、そして海軍再建経費の調達等を具体的に検討していく。

第一節　日清戦争後の海軍機構の再建

一　海軍処の設置

日清戦争の結果、直隷総督兼北洋大臣李鴻章の下で二〇年余りにわたって苦心経営されてきた北洋海軍は全滅した。日清戦後の清朝海軍の迎えた状況は、以下の史料によく表れている。

　総理海軍事務衙門奏す。島・艦〔台湾、澎湖諸島と北洋艦隊〕失陥し、時局は困難かつ危険である。議に従い海軍章呈を制定し、広く戦艦と巨砲を購入しなければ戦いに備えるに足らず、南洋、北洋の艦隊を統一しなければ統御できず、特に海軍を統括する大臣を定めなければその専責を担うことができない。現在は万事ととのわず、本衙門は当面、処理すべき重要案件もないので、職員及び経費を暫時撤廃し、節約に資し、また毎年支弁の海軍正款はすべて戸部に送って保存し、軍需品購入に充てることを請う。また、海軍の内外学堂もまた暫時撤廃することを請うと上奏され、ともにそのとおり行われた(1)。

　署直隷総督王文韶奏す。北洋海軍の武職員数は提督、総兵から千総《せんそう》、把総《はそう》、外委《がいい》まで合計三五〇名であるが、今

や艦艇は失われたので、定員はすべて廃止し、事実に照応させ、また印鑑類もすべて返納、処分すべきである。(2)

このように、一〇年にわたり海軍の中央管理機構であった海軍衙門は撤廃され、北洋海軍組織も廃止されるに至った。当然諸外国からは中国にはもはや海軍は存在しないと見なされるようになったのは不思議でない。

しかし、清朝の海軍建設はそのまま停止されたわけではない、財政難や「陸主海従」派の反発のため、その進展はそう顕著ではないが、その後も各地においてある程度、海軍再建の努力が続けられていた。

京畿守備の枢務を担う北方では、敗戦後間もない一八九五年九月に福建海軍から練習艦「通済《つうさい》」と運送艦「湄雲《びうん》」、新造のイギリス製駆逐艦「飛霆《ひてい》」、ドイツ製駆逐艦「飛鷹《ひよう》」を編入して北洋海軍の再建に取り組み、また同十二月には旅順・大連両港も日本側から接収し、その根拠地とした。翌年、さらに英・独に「海圻《かいき》」「海天《かいてん》」「海容《かいよう》」「海籌《かいちゅう》」「海琛《かいちん》」の五隻の巡洋艦建造を注文したことにより、一八九九年までには北洋海軍は一三隻、合計二・二万トンに回復することができた。(3)上記の巡洋艦は、その後暫くの間、中国海軍の主柱となった。また、湖広総督張之洞と両江総督魏光燾《ぎこうとう》も長江防衛のため、一九〇三年六月より日本に一四隻の浅水砲艦や二等水雷艇等を注文した。

この時までの海軍再建は、あくまでも地方ごとの動きに留まっていた。だが、一九〇四年周馥《しゅうふく》の両江総督就任後、状況は一転し、対外防衛上不可欠であるとして海軍の再建を主張するだけでなく、とくに海軍の統一を重視するようになった。すなわち、従来、清朝政府にとって海軍というと北洋海軍が中心で、南洋・福建及び広東海軍はほとんど地方当局に委ねられていたが、このような統一性の欠如が中国海軍の力を分散させ、戦時にも一元的な指揮が及ばず、敗戦を導いたのだと分裂の弊を自覚し、統一を求めたのである。

この間、清朝支配者は、列強の中国侵略という対外的な脅威に対抗するだけでなく、革命風潮の高まりという対内的な脅威に対し王朝権力を守らなければならない厳しい現実に直面していた。

このような問題に対応するため、清朝は立憲改革に踏み込んだ。一九〇五年末、載澤《さいたく》、端方《たんほう》、戴鴻慈《たいこうじ》、李盛鐸《りせいたく》、尚《しょう》其亨《ききょう》の五大臣は朝廷の命令を受けて、欧米及び日本の憲政視察に赴いた。帰国後、一九〇六年八月十九日、端方、戴鴻慈らは朝廷に面奏し、「憲法を日本に倣い、軍事と農工商業を日、独両国に倣う」べきだと訴えた。[4] 立憲改革の進行に伴い、近代国家の国力の象徴でもある海軍力の重要さは広く意識され、海軍再建を求める声も次第に高まりつつあった。こうして、清末の官制改革の中で、海軍管轄部局が再建されることとなった。

一九〇七年六月七日（光緒三十三年四月二十七日）、前年十一月発布の「釐定《りてい》中央官制方案」に基づき、兵部を陸軍部に改め、海軍部と軍諮府《ぐんしふ》の正式設立前には暫定的に陸軍部内にその部署を置くことになった［軍諮府は日本の参謀本部と軍令部の役を兼ねる］。これにより、陸軍部内に「海軍処」が設けられ、正使、副使各一名、その下に承発官二名、録事四名が属し、処には機要司《きようし》［制度・籌械《ちゅうかい》・駕駛《がし》・輪機《りんき》の四科］、船政司《せんせいし》、運籌司《うんちゅうし》［謀略・教務・測海の三科］の三司が設けられた［処、庁はそれぞれ日本官制では庁、局に相当］。[5]

設立当初、海軍処の正使は空席とし、副使に譚学衡《たんがくこう》、機要司、船政司、運籌司の各司長にそれぞれ鄭汝成《ていじょせい》、程璧光《ていへきこう》、林葆綸《りんほりん》が任じられた。[6] また、人員不足のため翰林院《かんりんいん》から蔣式芳《しょうしきほう》、馮恕《ふうじょ》らを任用した。

同処人員の給与等待遇は陸軍部に準ずるとされたが、司長、副司長は各二〇〇両、一六〇両、科長は一〇〇両と定められており、中央各部院職の最高級に相当した。[7]

海軍処の設立は、日清戦争敗戦後、海軍衙門が廃止されてより一二年の後、ようやく中央の統一的海軍管轄機構を回復すべく取り組んだもので、一連の海軍再建の動きの一環と見ることができる。

また、海軍力の有無強弱は国家の威信にも関わるものとされた。すなわち、同年六月、ハーグで開かれた第二回万国平和会議において、「海軍ヲ有セストノ理由ノ下ニ一等国ニ列スルヲ拒マレシ一事」は大きな衝撃を与え、「清国ハ痛ク之ヲ遺憾ナリトシ急速復興ノ議ヲ定メ」[8]た。『申報』はこう報道している。

このたび海軍整備に極めて力を注いでいるわけは、第三回万国平和会議まで六年しかなく、次回は必ず海軍復興を用意万端整えて会議に臨もうとしているからである。また、今年、各国駐在公使でこの旨を電奏してきたのは七名に達し、いずれも第三回平和会議開催時には海軍を成立させるべきことを求めたという。[9]

このように、海軍力の有無は、中国が「一等国」にランクづけられるかどうか、すなわち国家の威信に関わると認識され、刺激された各地の官僚・駐外公使や海外留学生らによる海軍再建を求める上奏・進言が相次ぎ、海軍復興を求める国内世論が形成されたのである。

二　載灃政権と軍権中央主権化

日清戦争の敗戦後、清朝官僚政治の腐敗とこれまで推進してきた近代化政策の不徹底さが暴露され、中国は列強による利権獲得競争にさらされたが、日露戦争後は列強の主導的な対華政策は、中国の領土保全、門戸開放を図り、清朝統治の一応の安定と国力回復を支持するものとなった。従って、それは清朝がその最後の時期に様々な改革、建設政策を推進するに当たって、それを支持する安定的な対外環境となった。清朝最末期の事実上の統治者となったのは、摂政王載灃《さいほう》（図3）であった。

一九〇八年末、宣統帝溥儀の即位後、その父載灃[10]は監国摂政王となり、清朝復興、満洲貴族への権力集中のため、若手満洲貴族を結集し、諸改革を推進しつつ軍事力の集中を急いだ。清朝海軍の再建も載灃の下で本格的に取り組まれることになった。

載灃は、一九〇一年七月、義和団事件の謝罪使としてドイツ訪問の経験があり、ドイツでは厳格な軍事教育を受けた貴族層（ユンカー）が強国を築きあげたことに大きな刺激を受けたという[11]。

また、載灃は訪独後、西洋近代の学問や技術に関心を強め、歴史、哲学、文学、政治、軍事、数学、地理、天文学、医学、植物学、動物学などの書物を渉猟したほか、自ら一五二冊に上る時務書を編纂した。その中には『日本海軍創設史』など日本の軍事、憲法、刑法、政治に関する書物が何冊もあり、弟の載洵《さいじゅん》、載濤《さいとう》[12]らの学習用にも使われたという[13]。載灃のドイツ派遣を始め、後に清朝皇族も海外に出かけるようになり、外国から学ぶ気風が広がった。

図３　監国摂政王載灃
『東方雑誌』1909年第１期より。

一九〇七年六月、予備立憲の動きが進む中、載灃は軍機大臣上学習行走[14]に任じ、同年八月、考察政治館の改制後、憲政編査館督飭《とくちょく》・軍機処王大臣に任じた[15]。

海外憲政考察大臣の報告書の中では、しばしば君主が海陸軍大権を握るべきことが指摘されており、清朝の立憲改革においても統治の柱石たる満洲貴族に軍事権を集中すべきだと考えられた。一九〇八年八月二十七日（八月初二）、憲政編査館、資政院は「清朝憲法大綱」を議定し、そこでは「皇帝は大清帝国陸海軍を統率し、軍制の編制権を掌握する。また、全国の軍隊を移動配置し、常備兵隊数を定めるなど一切を全権をもって執行する」[16]と、その至高の軍権を定めた。

有力な漢族官僚勢力を抑え、中央主権を強めるため、一九〇九年一月、載灃は一挙に政敵の袁世凱を罷免し、満洲貴族による中央政府の支配を回復するとともに、全国の軍権の中央集権化を目指した。袁の免職の事情は、以下のごとく伝えられた。

> 袁世凱免官上諭ニ病気ノ為回籍療養セシムトアリタレド其実鉄良ヲ中心トスル反対党ノ使嗾ニナル従来ト最近ノ論説、米清同盟、米国ニ大使館設置ノ交渉ヲ独断ニ唐ニ訓令シタル専横ノ所置トヲ口実トシテ慶親王ノ病気引込ヲ利用シ之レニ謀ラズシテ上奏シ云々[17]

こうして、載灃は摂政王として実質上皇帝の権限を代行し、陸・海軍の最高統帥者として数十年来の地方軍事勢力拡張、中央軍権衰退を改めるべく、早速軍事改革に乗り出した。また、粛親王善耆《ぜんき》は載灃に歩調を合わせ、諸政整頓の際、海軍復興を疎かにするべきではないと上奏した。その結果、「籌辦《ちゅうべん》海軍委員会」[18]が設けられ、一九〇九年二月十九日の上諭により、「粛親王善耆、鎮国公載澤《さいたく》、尚書鉄良及び提督薩鎮冰《さつちんひょう》が計画し、〔慶親王〕奕劻《えききょう》が総監督を行い」[19]、海軍復興の計画に取り組むことになった。

同年五月、籌辦海軍委員会各委員の責任分担が定められた。すなわち、度支部《たくしぶ》尚書載澤は南洋・北洋艦隊所属人員の給与、艦隊の維持費・修理費、軍艦増設経費、既存艦船への増資等の実行及び計画を担当し、陸軍部尚書鉄良は海軍の規則・制度、徴兵、海軍学堂等教育、軍艦機器の管理、水兵取締等を担当し、提督薩鎮冰は軍港選定、建築、航路測量、軍艦用石炭調達・管理等を担当し、粛親王善耆は海軍再建の総監督を担当することと命じられた(20)。

このうち、度支部尚書の載澤は清朝の財政難に鑑みて海軍再建に関わるのに消極的であり、上記委員任命時、直ちに固辞したが却下され、やむなく就任した。載灃としては、財政責任者をもむりやり巻き込むことにより、海軍再建資金を確保しようとしたのであろう。

三　中央統括機構の試み：籌辦海軍事務処

一九〇九年五月頃、載灃は摂政王に正式に就任し、ついで満洲族、とりわけ皇族への権力集中政策を進めた。彼は海軍主力艦隊を中央統制下に置くよう努めたほか、海軍統括者の選任に当たっては、従前から海軍再建案に関わっていた粛親王善耆、鎮国公載澤、尚書鉄良及び奕劻を超えて、皇族（醇親王府）であり実弟である載洵を海軍のトップに抜擢した。

同年七月十五日、上諭により郡王銜《ぐんおうかん》貝勒《ベイレ》載洵、海軍提督薩鎮冰（図4）は籌辦海軍大臣に任命され、また、財政難にもかかわらず、度支部よ

図4　清朝籌辦海軍大臣海軍提督薩鎮冰
『東京毎日新聞』1910年10月23日より。

り海軍中央機構設立の籌辦費として七〇〇万両（各省毎年割当額五〇〇万両を含む）が支出されることとなった。同月二十一日、陸軍部より旧海軍処所管の文書類が移管され、ついに七月二十八日（宣統元年六月十二日）、籌辦海軍事務処が正式に設立された。同処には参賛庁《さんさんちょう》が置かれ（参賛は参事に相当）、参賛譚学衡《たんがくこう》の下、秘書司と庶務司が置かれたほか、さらに一・二・三等の参謀官を設け、大臣の執務を補助させた。また、第一司から第四司の四司も設置され（翌八月には医務司も増設）、各分野の業務を司った(21)。各司には正副の司長各一名、その下の各科には科長一名を置いた。

載洵は二〇歳代半ばの若さで、厳格な軍事訓練も経ずに古参の海軍提督薩鎮冰とともに籌辦海軍大臣に就任し、同じく専司訓練禁衛軍大臣・管理軍諮処事務大臣に任じられた弟の載濤とともに清朝陸・海軍の復興と集権化という困難な事業に携わることになった。

一九〇九年八月一日、籌辦海軍事務処は衙門（役所）を順治門内石駙馬路《せきふばろ》の東口に置き、実務処理を始めた。載洵、薩鎮冰の両大臣は対内、対外と職務を分担することと定められた。載洵は主として中央にいて、部署の設立・経費調達、政策決定などを担うのに対して、薩鎮冰は主として外地へ派遣され、徴兵、築港、海岸測量、艦隊購入、内外連繋などを担当することとなった。

もっとも、海軍管理機関は設立されたものの、実際に海軍軍人として働き得る人材は深刻に不足していた。そこで載洵らは、海軍衙門廃止前からの旧海軍人員から優秀なものを選抜し、それぞれの能力に応じて任用することとし、例えば航海・艦船機器操作に秀でたものを軍械司、軍学司に、計画・謀略に優れたものを軍諮司、軍制司に配属した。鄭汝成、林葆綸らこのようにして選抜され、同事務処に勤めることとなった(22)。しかし、籌辦海軍事務処は陸軍部から独立した部署として、業務拡張による繁忙と人員不足は免れなかった。このため、さらに地方各部門から海軍に適した人材の推薦を受け、任用することとなった。この経路により、蔣志達《しょうしたつ》らが海軍事務処に転入、任用された(23)。

表２－１　籌辦海軍事務処官制一覧表

名称	責任者	管轄事項
参賛庁	譚学衡	一・二・三等参謀官を置き、総務を補理する
軍制司	徐振鵬	海軍制度例規、将校・機関官・技師の人事及び兵器
軍政司	彭燊昌	艦船の製造修理・建築工事
軍学司	曹汝英	教育訓練及び作戦・諜報編纂など（軍諮処海軍庁開始まで暫行）
軍枢司	馮恕	人事・機密文書及び電報取扱、公文書発送接受
軍儲司	趙鶴齢	海軍経費・被服・食糧等
軍防司	林葆綸	各省水師士官・下士の詮衡及び測量
軍法司	鄭汝成	軍事裁判、風紀・法律
軍医司	関景賢	衛生治療、薬剤及び軍医教育

出典：「籌辦海軍事務処官制一覧表」（1910年5月改正）（『明治四十三年　公文備考　儀制八』巻11、⑩公文備考M 43-11）0092頁及び「籌辦海軍大臣奏重訂各司職掌折」（1910年4月8日）、張俠・楊志本・羅澍偉・王蘇波・張利民合編『清末海軍史料』（北京、海洋出版社、2001年）518－519頁により、筆者作成。

籌辦海軍事務処はその独立性を強く主張し、これまで陸軍部や学部が管轄してきた海軍留学生の派遣、管理、卒業後の任用等も自ら実施しようとした。また組織面でも、処内の事務官及び書記官を従前の各部通称の録事、謄録から科員に改称し、三等級に分けた、さらにこれと別に録事を置き、二等級に分けた。

こうして日清戦争後一四年余りを経て、立憲改革の流れの中で、独立した海軍統括機関である籌辦海軍事務処が成立し、その整備が着々と進んだ。これ以前にも南洋・北洋大臣や海軍軍人は懸命に朝廷や有力者に海軍統括機構の設置を求めてきたが、清朝最高指導層を動かすことはできなかったのであるから、満洲貴族のこの点での功績は否定できない。これは、宣統期における海軍再建の最初の成果であり、中央統括機構の成立はまたその後の海軍再建の具体的推進を制度的に保障したのである。

かくして、海軍再建に向けて進みつつある中、籌辦海軍事務処の設立八ヶ月後、さらにその組織改編が行われた。翌年四月八日、籌辦海軍大臣載洵、薩鎮冰は、籌辦海軍事務処各部門の職掌改訂を上奏した。すなわち、従来、同処は参賛庁と四司により構成されたが、これを参賛庁と八司（軍制、軍政、軍学、軍枢、軍儲、軍防、軍法、軍医）に拡充し、各分野の分掌管理を充実させるというものである。改編案は直ちに許しを得た。(24)

改編後の籌辧海軍事務処の組織は表２－１のとおりである。

第二節　海軍再建案の提起と国内視察

一　再建案の策定：艦隊、軍港、人材

摂政王載灃《さいほう》は中央レベルにおいて新たな海軍統括組織を設立、整備する一方、海軍再建の具体策立案に関して中央のみならず地方の官僚、紳商等による進言・献策を広く求めた。

一九〇九年初め以来、摂政王は籌辦海軍委員らを幾度も引見し、協議検討を重ねた上で、三年内に再建の基礎を作るべく命じ、また度支部《たくしぶ》に対し、再建の要となる経費の尽力支弁を命じた(25)。

海軍にとって艦隊、軍港そして人材はもっとも基本的な三構成要素であり、その構築に当たっては、強力な戦闘力を持つ艦隊、艦船の駐屯、修理、物資補給を行う軍港、そして必要な技術・学術を習得した人材が不可欠である。そのため、摂政王の有力な後援を得た上、籌辦海軍委員会委員らは最初の準備段階から頻繁に会合を重ねて協議し、以下のような具体策をもって取りかかり始めた。

（1）全国艦隊の統一化

まず沿江・沿海各省管轄の現存艦隊等海軍戦力の組織と給与制度を統一し、各地の分散独立の空気を防ぎ、さらに統一された艦隊は合同演習を行うことが定められた。具体的には、左記のような全国艦隊建設案が提起された。

全国をほぼ南洋、北洋の二大艦隊に分け、江蘇省以北を北洋艦隊、同省以南を南洋艦隊の管轄に帰する。各艦隊に海軍提督が乗艦し司令部を置く旗艦一隻、一等戦艦四隻、二等巡洋艦八隻を当面配置するほか、三・四等巡洋艦一〇隻、水雷艦一、二隻、報知艦及び運送艦三、四隻、砲艦一〇隻余り、水雷魚雷艇三〇～四〇隻を配置する。また、各戦艦は鎮・協級の海軍指揮官、各巡洋艦は参将・遊撃・都司級海軍軍人が指揮する［これらの階級については、表1－1参照〈p.21参照〉］。彼らが指揮する艦船を旗艦とした一〇艘余りで一小隊を編成し、二、三小隊を一軍とする。[26]

これが全国海軍を二艦隊に編成する最初の案であり、後の巡洋艦隊と長江艦隊の二艦隊編成の起源と見ることができる。

（2）軍港開設

軍港は海軍の根拠地であり、まさにその命脈であるが、中国は長大な海岸線を持つにもかかわらず、アヘン戦争以来の各港開港、そして日清戦争後の列強の租借地獲得競争により、軍港として独自に利用可能な港湾を有さなかった。そのため、新たな軍港開設が必要になったのである。こうして、沿江・沿海各省の督撫は、それぞれの管轄地域において、戦艦の碇泊できる港の有無、水深、冬季凍結の有無、暴風雨時の避難の可能性等について調査し、堅固で枢要な根拠地となり得る港を探査するよう命じられた。

その結果、軍港候補地として直隷の大沽《タークー》、山東の芝罘《チーフー》（煙台）・威海衛、浙江の象山浦《しょうざんほ》・三門湾《さんもんわん》・定海湾《ていかいわん》、福建の三都澳・馬江、広東の霞浦・北海・楡林が検討対象に選び出された。摂政王載灃も全国で五ヶ所ほどの軍港が構築できれば一番よいと述べた。

ただ、当時、このうち威海衛はイギリスに、膠州湾はドイツに租借され、大沽は「北京議定書」による制限があり、未開発地域を調査して新たに港湾を開設する必要がある、仮に軍艦の駐屯困難な港であっても、防備を強めて将来開港場の候補とする必要があるとされた。また、粛親王及び尚書鉄良は同年夏に自ら沿海各地に赴き、各地の艦隊を巡閲し、詳細な調査を行うことを提案した。これは、後の国内九省海軍視察の契機となったと考えられる。

（3）海軍人材の調達

当時、中国の海軍人材は、日清戦争による多大な損傷と敗戦後の人材流失により、ごく僅かしか残されていなかった。海軍人材調達の方案として最初に行われたのは、旧海軍人員の復帰であった。前述のとおり、薩鎮冰が籌辦海軍委員会委員、南洋・北洋海軍提督に命じられ、海軍再建事業の中核となったほか、元海軍将官魏瀚《ぎかん》も上京して船政辦法を商議するよう命じられた。また、陸軍軍人からの転用補充も試みられた。すなわち、摂政王載灃は善耆《ぜんき》、載澤、鉄良に対し、「陸軍内部その他の役所役員の中に平素から才能のある人を選び、人名録を作り上呈し、海軍人材選抜用に備える」旨、命じた[27]。

このほか、海軍学堂の設立、海外への留学生派遣による海軍人材養成にも積極的な取り組みが行われた。まず国内では、山東・広東・福建各省現存の海軍学堂の調査を行い、六ヶ所に海軍実習学堂を建設することが決定された。すなわち、山東・広東・福建・浙江四省の沿海部にそれぞれ一校を設置するほか、寧蘇両地域（江蘇省）にもまた各一校を設けることとなった。また、籌辦海軍委員会委員は学部に対し、将来留学生を派遣する際、海軍を学ぶ学生を増やすよう求め、駐日公使胡惟徳《こいとく》も日本政府に対し、海軍関係の留学生受け入れを増やすよう要請した[28]。以上、全国艦隊の統一化、軍港開設、海軍人材調達はいずれも海軍再建に当たって最初に試みられた方策であり、これらはその後も引き続き取り組まれた。

一九〇九年七月九日には、粛親王善耆は現段階の海軍再建進展状況を踏まえ、以下のように上奏した[29]。

ご命令に従って海軍の基礎を整えるにあたり、もちろん財、力を熟慮して大綱を定め、まず復興の礎を創り、さらに拡充する策を謀るべきです。現有の資金に基づき、海軍教育を統一し、現存艦艇を編成し、軍港を開設し、工廠・ドック・砲台・堡塁を整備することにより、次第に基礎を固め、依拠とし得ると期待できます。

すなわち、善耆は海軍復興計画の全般的な綱領を作成し、段階的に再建を行うべきことを指摘し、具体的な拡充策を提起したのである。また、彼は、海軍指導者の決定権、国家財政状況の把握が不可欠であるとも論じていた。この上奏に基づき、清朝の海軍再建指導者らは、海軍再建の八大要綱として、(1)人材登用、(2)軍港・船渠の修築、(3)外国人の傭聘、(4)軍艦建造、(5)北洋・南洋の海軍学堂の拡張、(6)海軍部の独立延期、(7)薩鎮冰提督の北京駐留、(8)経費調達を決定した[30]。

二　国内海軍視察

籌辦海軍大臣就任後間もなく、載洵、薩鎮冰は、全国海軍力の状況を把握するため、国内九省の視察を行った。まず、一九〇九年八月二十五日から九月二十四日までの間、大沽、上海、象山浦、馬尾《ばび》や三都澳、香港、黄埔《こうほ》（広東）、厦門、杭州、江陰、鎮江、江寧、田家鎮、漢陽の順に、国内各地の海軍力及び沿江・沿海防備の状況の視察が行われた。

この視察には、表2―2のとおり、載洵の旧師候補道趙孟雲《ちょうもううん》、福建人馮公度《ふうこうたく》、貴冑学堂《きちゅうがくどう》監督広東人曹汝葵《そうじょき》、旗人栄尚之《えいしょうし》、農工商部官吏福建人蔡岷樵《さいみんしょう》、同福建人陳幼庸《ちんようよう》、広東人医官関竹明《かんちくめい》、候補道広東人温秉忠《おんへいちゅう》、広東人蔡灝《さいこう》が随行した。随行者中、特に海軍在職経験者と思われる者はいないが、福建と広東の出身者が約八割を占めており、出身地域が重視されていたと考えられる。福建・広東両省は近代中国海軍の発祥地であり、また視察の主たる対象地域でもあったため、両省出身者の随行は視察を円滑かつ効率的にしただろう。さらに当時は籌辦海軍事務処の設立後間もなく、機構整備の最中であって遠隔地出張にはふさわしくなく、さらに同処主要幹部はより重要な国外海軍視察の候補者になっていたという事情もあり、それ以外の者が多く国内視察に随行したのであろう。

表2－2　載洵、薩鎮冰国内視察の随行員

氏　名	官　職	出　身
趙孟雲	候補道、載洵の旧師	
馮公度		福建人
曹汝葵	貴冑学堂監督	広東人
栄尚之		旗人
蔡岷樵	農工商部官吏	福建人
陳幼庸	農工商部官吏	福建人
関竹明	医官	広東人
温秉忠	候補道	広東人
蔡灝		広東人

出典：「載洵殿下及薩提督来香ノ件」公信第303号、1909年9月9日（『清国籌辦海軍大臣載洵貝勒南清地方及海外視察関係雑件』外務省外交史料館所蔵、5.1.10.29）より作成。

皇族の載洵は若くして一挙に全国海軍指導者となったが、軍務の経験と実務能力を欠いているのは周知のことであり、今回の視察では多勢を率いて虚勢を張ることを避けた。そして、彼は海軍再建に関わる様々な提議や議論をふまえてこの国内海軍視察の主旨を定め、中国の完全な管轄下の新軍港を開設すべく探査すること、各地の現有艦隊及び関連施設（造船所、ドック、海軍学堂等）の状況把握を主眼としたのである。

八月二十五日、載洵、薩鎮冰は随行員の趙孟雲、馮公度らを率いて北京を発し、天津の大沽ドックの視察を行い、ついで「海圻」に乗船し、「海琛」「海容」を随行させ、沿海及び沿江（長江流域）の視察を行い、そして最後は漢陽より京漢鉄路に乗車し、九月二十五日に帰京し、同月二十七日、直ちに視察報告を摂政王載灃に提出した。この一月の間、載洵らは合計九省を巡閲し（京漢鉄路で経由したのみの河南省を除く）、各地で開港式の挙行、艦船将兵の激励、船塢（ドック）及び海軍学堂、造船所、機械製造局の視察と民心の調査を行った[31]。

この国内海軍視察はその後の清朝海軍再建において重要な意味を持つ。以下、項目ごとにその内容を紹介しよう[32]（日付順の活動は、表2－3にまとめた）。

（一）象山軍港の視察と開設

光緒二十三（一八九七）年、ドイツによる膠州湾の租借に始まり、以後二年間にわたり、英・仏・露列強は広州、威海衛、旅順、大連湾と中国沿岸の主要な港湾を租借した。このため「北洋の門戸でおよそ軍港になり得るところはすべて他国にわたり、かくて海軍は根拠地を失った[33]」のだった。

そのため、新たな軍港修築の必要がしばしば唱えられながらも着手されずにいたため、政務処官僚は今回の載洵の国内視察に期待をかけ、一九〇九年八月三十日の上奏文で、「現在、時局は日々に困難、海権は日々に重要であり、自強を欲するならば、海軍を振興しなければ外に海洋を固め、内に各省を守ることはできない。だが、海軍の創建においてもっとも急ぐべきことは、確実な軍港を調査、測量することである」と強調していた[34]。

前述のとおり、最初に軍港の候補地としてあげられたのは、大沽、威海衛、象山浦、三都澳などであったが、地理

表２－３　国内海軍視察日程（1909年8～9月）

月日	場所	視察内容
8月25日	天津	北京出発、天津到達後、直隷総督端方と海軍建設・経費調達等協議
26日	天津	大沽ドック
27日	煙台	海軍学堂
29日	上海	呉淞口より小軍艦「鈞和」に乗り換え、上海到着
30日	上海	高昌廟ドック、江南製造局
31日	上海	各国駐在総領事を接見
9月 2日	定海	閩浙総督松寿《しょうとう》・浙江巡撫増蘊《ぞううん》と海軍建設・軍港開設等協議
3日	寧波	象山港西湖湾で軍港開港式、閩属三都澳視察
5日	福州	福建船政局で松寿・福州将軍樸寿《ぼくじゅ》と面会、造船所・ドック・学堂等視察
8日	香港	英香港総督を訪問、珠江へ
9日	広州	黄埔で広州将軍増祺《ぞうき》・両広総督袁樹勳《えんじゅくん》と面会。黄埔水師学堂・魚雷各局・水雷各局・ドック・造船所・虎門砲台視察、広州・石井製造局視察
11日	廈門	同港形勢視察
15日	上海	国内外商人と面会
16日	杭州	浙江巡撫増蘊と軍港建設を協議
17日	上海	長江沿岸形勢を考察、長江遡上。
18日	江陰	両江総督張人駿《ちょうじんしゅん》・長江水師提督程文炳《ていぶんへい》・江蘇巡撫瑞徵《ずいちょう》と海軍建設費調達・長江防備事宜等協議。同地砲台・射撃演習視察
19日	鎮江	図山・象山・雲山・都天廟各砲台巡視
20日	南京	海軍学堂・臨江各砲台
21日	蕪湖	安徽巡撫朱家宝《しゅかほう》来船、海軍建設につき協議
22日	九江	江西巡撫馮汝騤《ふうじょき》来船、海軍建設につき協議
23日	漢陽	湖広総督陳夔龍《ちんしょうりゅう》と面会、漢陽兵工廠・漢陽煉鋼廠・漢陽煉鉄廠視察
24日	漢陽	京漢鉄路より北上、帰京の途に

出典：「抄奏遵旨闢港巡閲事竣挙其重要大概情形摺由」（宣統元年8月21日）（中国第一歴史檔案館所蔵会議政務処檔案）554-4444、『清国籌辦海軍大臣載洵貝勒南清地方及海外視察関係雑件』（外務省外交史料館所蔵、5.1.10.29）及び「籌辦海軍大臣南下日記」（『東方雑誌』第9期、宣統元年8月）254頁、「籌辦海軍大臣南下日記第二」（同上第10期、同年9月）303－304頁より筆者作成。

的条件、財政状況や対外関係を考慮し、卓越した地理的条件を備えると評価された象山浦が最終的に選定された(35)。

すでに一九〇六年、早くから軍港建設の重要性を主張していた前閩浙《びんせつ》総督崇善《すうぜん》は、象山港は中国の軍港の中でも最良のものであると指摘していた(36)。その後、同じ浙江省の三門湾などと比較し、さらに薩鎮冰から確実な調査に基づいた上奏が届いたため、朝廷は最終的に象山港をまず築造すべき軍港と認めたのであった。

一九〇九年九月二日、軍港開設の命を受けた載洵らは舟山《しゅうざん》列島より象山浦に到着し、閩浙総督松寿と協議の後、象山浦地方を視察し、軍港として適当な地であることを確認した。そして、港内に浮標を設置し、各船舶の停泊位置を定め、海岸には工事開始を告げる爆薬を埋めた。翌日、港内所定位置に停泊した「海圻」「海琛」を始め、参加した旧式の水師砲艦、民船や二四隻の兵船など各船が満艦飾を施し、また両岸垣の如く並ぶ観客の見守る中、載洵らは天を祭り、開港式を行った(37)。もともと象山全体を軍港とする計画であったが、実際には当時の保有艦船は少なく、経費も限られていたため、まず西湖湾から基礎を作り、次第に拡大して完全な軍用港湾を建設することが決まった。

象山港の視察、海港式典後、載洵、薩鎮冰らは「海圻」に乗船し、さらに軍艦「海容」を率いて福建省の三都澳を視察し、福建船政局の所在地馬尾に向かった。

なお、この間、載洵らは定海庁（浙江省）到着時に巡洋・長江両艦隊の海上演習を巡閲し、あわせて艦船将兵を激励する予定であったが、演習日程変更のため、ただ各艦艦長を集めて訓辞と激励を行っただけとなった。

（二）　造船所とドック視察

この時期、全国の造船所、艦船修理ドックは大沽、上海、福州、黄埔の四ヶ所があった。このうち、大沽ドックは小規模で土砂堆積がひどく、附設の工場・機械も旧式で貧弱であった。他方、福建省馬尾港は水深深く広大で、また海から奥深く入り、入り口が狭いという長所を持ち、一八六〇年代から国内最大の造船所が置かれていたが、一九〇七年、財政難などのために一時操業停止に陥った。閩浙総督松寿は福建船政局の関係者とともにこの造船所の復興を願っており、海軍大臣の視察を絶好の機会と考え、八月二十八日、部下を率いて象山浦に載洵らを出迎え、また九月五日、載洵らの乗った軍艦「海容」の馬尾港入港の際には盛大な歓迎ぶりを演出した(38)。

しかし、視察の結果、馬尾港のドックは入り口の流れが急すぎて艦船の出入りは不便であり、造船廠の各工場の機器も旧式で損耗が激しく、さらに経費不足や杜撰な管理といった問題も抱えていることが判明した。

次に、広州の黄埔ドックはもともと籙順石塢《ろくじゅんせきう》といい、一八七六年イギリス資本の黄埔船塢公司より買い入れたものである。ドックは長さ三〇〇尺余り、幅八八尺で深さ二六尺あり、地質は堅固で出入り口の流れも緩やかで、広東の軍用船舶の修理にはよく利用していた。

また、上海の高昌廟には、李鴻章が創立した中国最大の機械・船舶製造工場である江南製造局が置かれていたが、四年前の一九〇五年四月、両江総督周馥によって局塢（ドック）が分離された。本ドックの経営は制約を受けず、良好であり、また施設・技術水準も高く、「海圻」以外の中国海軍艦船はすべて修理可能であり、外国艦船の修理も行っていた。

以上の四ドックを概観し、載洵らは、現在のところ上海ドックがもっとも良好で、次が黄埔の籙順石塢であるが、両者とも「海圻」などの大型艦船には対応できないので、今後は象山港内に大型のドックを建造する必要があると結論づけた。

（三）海軍学堂の視察

当時、海軍学堂は煙台、福州（二校）、黄埔、南京の五校が設けられていた。視察報告によれば、その評価は以下のとおりである。

煙台海軍学堂は専ら駕駛［操船航海］要員の養成を目的とし、夏休みを廃して三学期制で教授している。学校規則は適切であり、教員や管理職員もすべて学校卒業者である。

福州では福建船政局内に艦船製造技術を教授する前学堂と、駕駛、艦船管理を教授する後学堂の二校がある。元々両校の制度・規則は完備していたが、近来船政局の衰退につれて十分実行されなくなっていた。両校には「照料教員」が置かれ、適当な職に就いていない卒業生を薄給で雇用している。両学堂ともすでに衰微し、完全な海軍学校の基準を満たさなくなっており、特に後学堂の学生総数はわずか一八名である。

黄埔水師学堂は駕駛と管輪（艦船管理）の二科を設けており、管理規則は完備している。また、南京海軍学堂は学生定員一四〇名、駕駛と管輪の二学科を設け、制度・規則はおおむね妥当であり、教員もイギリス人教官二名と漢文教官を除き、すべて海軍学堂出身者である。

以上のように、福州の前・後両学堂はすでに衰退しつつあり、他の各学堂も財政、教授法、管理法のいずれもバラバラで、相互の連絡もなかった。これら解決すべき問題は、今後、象山港に海軍学校を設立する際には適切に処理すべきであるとされた。

載洵らはさらに、今後、海軍将校はまず中国の文理に通暁しなければならないと考え、学堂ごとに漢文試験を行い、成績良好の者だけを選抜し、外国へ送り造船・航海等の技術を学ばせることこそが、海軍の人材育成に有効であると論じた。

(四) 機器製造局の視察

当時、全国に江南製造局、石井製造局（広東）、漢陽兵工廠、漢陽煉鋼廠、漢陽煉鉄廠の五つの製造局があった。視察報告は、このうち漢陽煉鋼・煉鉄両廠の生産物は直接、海軍に供されていないが、将来外国に頼らず自力で艦船用鋼鉄を製造する際に利用すべきものと位置づけた。江南製造局、石井製造局と漢陽兵工廠は専ら銃砲・弾薬を製造する工場で、なかでも漢陽兵工廠がもっとも規模が大きく、配置も妥当とされた。従来、銃砲類の口径は練兵処の規定に従い、最終的には陸軍部の検査により合格と認められていたが、今回の視察により、将来、海軍でも銃砲類の口径を規定するべく検討することとされた。

(五) 砲台の視察

全国の砲台は非常に多数に上り、今回、実地に視察できたのは要地の長江及び珠江地域に留まった。視察の結果、長江河口部の呉淞《ウースン》砲台は、海から進入する際の最初の門戸であり、海面が広いのでさらに両岸に数ヶ所増設する必要があるとされた。その先の江陰は、航路狭小にして後ろに山が聳えるという地理的条件を持ち、正面砲台の設置は適切だとされた。一方、珠江の諸砲台では、虎門砲台がもっとも険要で、沙角《さかく》、大角《だいかく》、蒲洲《ほしゅう》、威遠《いえん》及び上・下横檔《おうとう》の六砲台を置き、各砲台や附属施設はほぼ完全であるが、弾薬庫に舗装がなく多湿のため弾薬の保存を妨げている。また、電線・電話が未設置のため、各砲台間は連絡に欠ける恐れがある、と指摘された。

（六）　地方紳民との交流、民情把握

国家が大きな企てを実行するに当たっては、必ず人心の動向を配慮しなければならない。この視察においても、載洵らは民間の状況を調べ、民心を激励することを重んじ、各地の紳・商・学界による歓迎会に必ず自ら参加した。そこで、「朝廷が海軍を建設するのはただ外国の侵犯に抵抗し、国を強化するためである」と宣言し、各界がこの趣旨を郷里に広めるよう期待した。その結果、民情が奮い立ち、商人が積極的に海軍経費のために寄付を行ったという。地方官紳の間でも、国防と民衆保護のため、一日も早く海軍を建設するように期待されていたのである。

以上のように、一ヶ月にわたる国内沿海・沿江の海軍視察は、現存の海軍関係施設の現状を把握し、問題点を指摘し、今後の対策を考究する上で意味あるものであった。以下、海軍視察の成果を、各分野・課題ごとにまとめてみよう。

まず、今回の視察の一大目的であった新たな軍港の開設の任務が達成された。新たな軍港開設候補地の調査・選定はこの視察の最重要任務であり、様々な条件を検討して浙江省象山浦が選定され、直ちに開港式が挙行されたのは英断といえるであろう。このほか、広東の霞浦、福建の三都澳、浙江の三門湾、山東の劉公島も有望な候補地であったが、その地理的、あるいは対外的条件から除外され、今回の沿海視察では象山浦が唯一、軍港として開港されることとなったのである。

また、江南製造局、福建船政局などの主要な造船所、関連施設及び海軍学堂の視察を通じて、各地の関係施設の状況を把握でき、また地方官民に刺激を与え、これらの施設の復興の機会を与えることとなったといわれる。とりわけ、

福建船政局は中国最初の造船所でありながら、当時衰退して製造停止状態にあったが、この視察により生気を取り戻した。福建では、「近来清国政府カ海軍復興ノ議アルニ乗ジ当地官民ハ在北京福建出身官吏ト相呼応シテ、政府カ福建附近ニ軍港ヲ設置シ、並ニ馬尾船政局ヲ復興スル様極力運動」しようとしていたという。また、載洵らの視察には清朝とりわけ満洲貴族による支配力の顕示という意味もあり、福州では八旗会館の修繕装飾、街路での黄龍《こうりゅう》旗掲揚などが行われた(39)。

このほか、香港では、港内に停泊中の各国軍艦より盛大な歓迎を受け、香港総督とも交流を行った。また、「当市支那人居住ノ区域ハ戸々黄龍旗ト英国旗ヲ交叉シテ敬意ヲ表シ、市内何トナク景気ヨク見受ケラレ」たという(40)。

以上述べた籌辦海軍大臣載洵らによる海軍視察は、その後の清朝の海軍復興、海軍統轄体制全体をも促進することとなったであろう。そのような役割を果たすことができたのは、これが海軍責任者自らが率いた詳細で系統的な視察であったことにもよるし、また載洵が兄の摂政王載灃の信頼を得、かつ海軍再建を託されて抜擢された人物であったため、清朝中央の政策決定を動かし得たという事情も考えられる。

第三節　海軍再建の進展

一　七年建設案

国内視察から帰京の直後（一九〇九年九月二十七日）、薩鎮冰は摂政王載灃の謁見を得、視察内容を詳細に報告し、「迅速、切実に挙弁せよ」との諭旨を受けた[41]。

これに従い、載洵、薩鎮冰の両籌辦海軍大臣は軍機・軍諮両処王大臣と協議し、単なる大綱にとどまらず、より具体的な海軍再建の方案の制定・実行が急務であることで合意した。こうして籌備海軍事務処は逐年施行の詳細な計画案「籌辦海軍七年分年応辦事項」と「分年籌備軍港事宜[42]」を作成した。

「籌辦海軍七年分年応辦事項」は、宣統元（一九〇九）年から七（一九一五）年を建設期間と設定し、全国艦隊を拡張することを目標とし、中央の籌辦海軍事務処を最高指導機構とし、陸軍部、民政部及び度支部の三尚書が籌辦海軍大臣及び直隷総督、両江総督、湖広総督、閩浙総督、両広総督、東三省総督と協力し、妥当な計画に従って海軍建設を執り行うとしている。より詳しくは、以下のとおり。

一年目は、北洋、南洋、湖北、閩洋《びんよう》及び粤洋《えつよう》の各地域の現存各種軍用艦船の精査、南洋・北洋に増設すべき二・

三・四等巡洋艦の建造、各地軍港の調査・測量、北洋、南洋、福建、広東各海軍学堂の拡張準備及び江浙閩鄂《こうせつびんがく》四省艦船学堂、槍砲学堂の設立準備、威海（北洋）、高昌（南洋）、馬尾（福建）、黄埔（広東）各造船所の改造を行う。

二年目は、各洋艦隊の現有軍艦を確定し、水・魚雷隊所有の新旧各艇の配置を計画し、各艦隊の三等巡洋艦・運送艦・報知艦・水雷艇・滅魚雷艇（水雷駆逐艇）の増建を準備し、各軍港建設を決定し、海軍船艦学堂・槍砲学堂を開設し、海軍予算を編成し、海軍徴兵地域を査定する。

三年目から七年目までは、各洋一等戦艦八隻、各等巡洋艦二〇余隻、各種軍艦一〇隻及び、第一・第二・第三水魚雷艇各隊の増設、北洋艦隊、南洋艦隊、閩洋艦隊及び粤洋艦隊の編成、各洋の軍港・船渠・運送鉄道などの完成、海軍全体予算の奏定、決算を行い、各海軍区域内で徴兵を実施し、各洋艦隊の旗・艦号を定め、海軍部を設立し、各洋艦隊の人員を増員し、海軍大学を設立する、というものである。

この復興案は漸進主義をとっており、まず初めに小型軍艦の建造や海軍行政の改革に取り組み、最終的には大艦を建造し海軍全体の組織を大成しようとするものであり、当時の清国の状況を考慮するに、大体においてその要領を得たものだともいうことができる。

次に「分年籌備軍港事宜」は、軍港建設を中心に一九〇九年から八年をかけて、年次ごとに計画的に各洋の軍港・諸設備経費の調達、軍港・砲台・ドックの築造、関連する機械の購入、関連諸設備の整備、軍港の経常費の確定、軍港海軍軍官制度や軍港司令部の設立、そして鉄道運輸と航路の建設・整備を行うというものであった。

以上の野心的な海軍復興計画を実行するためには、全国艦隊の管轄権を確実に中央に帰することができるかどうかが重要であり、前提条件とされた。そのため、全国艦隊の統一化が図られたのである。

二　全国艦隊の統一

籌辦海軍大臣載洵、薩鎮冰が就任後、最初に取り組んだのは現有海軍の整頓であった。各地の海軍力の調査に基づき、これを再編して巡洋、長江の二艦隊に統合し、清朝中央の直接支配下に置くことが目標とされた。

八月、全国現有海軍力の調査・再編が始まり、関係する沿江、沿海の督撫らもこれに従い、詳細に調査し、報告を上呈した。それによれば、当時の現存艦船数は、北洋海軍は巡洋艦五隻、砲艦二隻、水雷砲艦一隻の合計八隻、南洋海軍は巡洋艦三隻、砲艦九隻、水雷砲艦二隻、河用砲艦一〇隻、水雷艇九隻の合計三三隻、福建海軍は報知艦三隻、砲艦一隻の合計四隻、広東海軍は報知艦一隻、砲艦一七隻、河用砲艦一隻、水雷艇一一隻の合計三〇隻であった[43]。ただ、老朽化して修理されないと軍艦の用をなさないようなものが多数含まれた。

籌辦海軍事務処が次に取り組んだのは、上記の各地艦船の性能調査であった。そして、戦闘可能な新式艦艇を選定し、沿海防備の巡洋艦隊と沿江防備の長江艦隊の二艦隊を編成し、前者には「海圻」「海籌」「海琛」など旧北洋艦隊所属艦船を主とした一五隻、後者には「鏡清《きょうしん》」「南琛《なんちん》」など旧南洋及び湖北艦隊所属艦船を主とした一七隻を配属した。巡洋艦隊の根拠地は山東省芝罘《チーフー》（煙台）、長江艦隊のそれは南京と定められ、指揮官にはそれぞれ程璧光、沈寿《しんじゅ》堃《こう》が任命された[44]。以上の両艦隊所属艦船については、表2-4を参照されたい。

従来、湖北艦隊は湖広総督張之洞の鋭意育成により、「楚有《そゆう》」「楚泰《そたい》」「楚同《そどう》」「楚観《そかん》」「楚謙《そけん》」「楚豫《そよ》」の砲艦六隻と、「湖鵬《こほう》」「湖隼《こしゅん》」「湖鶚《こがく》」「湖鷹《こよう》」の水雷艇を有していたが、今回の調査を経て改編され、中央の管轄下に移ることとなった。

表２－４　巡洋艦隊、長江艦隊の主要艦船

A. 巡洋艦隊

艦名	種類	材質	排水量(トン)	馬力	速力（ノット）	進水年	製造国、製造所
海圻	巡洋艦	鋼	4,300	17,000	24	1897	イギリス
海琛	巡洋艦	鋼	2,950	7,500	19.5	1898	ドイツ
海籌	巡洋艦	鋼	2,950	7,500	19.5	1898	ドイツ
海容	巡洋艦	鋼	2,950	7,500	19.5	1898	ドイツ
飛鷹	駆逐艦	鋼	850	5,500	22.1	1895	ドイツ
保民	運送艦	鋼	1,500	1,900	10	1884	中国、江南製造局
通済	練習艦	鋼	1,900	1,600	13	1894	中国、福建船政局
辰	水雷艇	鋼	90	700	18	1895	ドイツ
宿	水雷艇	鋼	90	700	18	1895	ドイツ
列	水雷艇	鋼	62	900	16	1895	ドイツ
張	水雷艇	鋼	62	900	16	1895	ドイツ
湖鴨	水雷艇	鋼	89	1,200	23	1906	日本、川崎造船所
湖鄂	水雷艇	鋼	89	1,200	23	1906	日本、川崎造船所
湖隼	水雷艇	鋼	89	1,200	23	1907	日本、川崎造船所
湖燕	水雷艇	鋼	89	1,200	23	1907	日本、川崎造船所

B. 長江艦隊

艦名	種類	材質	排水量(トン)	馬力	速力（ノット）	進水年	製造国、製造所
鏡清	練習艦	鉄、木	2,200	2,400	13	1884	中国、福建船政局
南琛	巡洋艦	鋼	1,905	2,400	13	1883	中国、福建船政局
登瀛洲《とうえいしゅう》	砲艦	木	1,258	580	9	1876	中国、福建船政局
建安	水雷艇	鋼	871	6,500	18	1904	中国、福建船政局
建威	水雷艇	鋼	871	6,500	18	1904	中国、福建船政局
江元	砲艦	鋼	565	950	14.7	1904	日本、川崎造船所
江亨	砲艦	鋼	560	950	14.7	1907	日本、川崎造船所
江利	砲艦	鋼	565	950	13	1907	日本、川崎造船所
江貞	砲艦	鋼	565	950	13	1907	日本、川崎造船所
楚有	砲艦	鋼	750	1,350	13	1906	日本、川崎造船所
楚泰	砲艦	鋼	750	1,350	13	1906	日本、川崎造船所
楚同	砲艦	鋼	750	1,350	13	1906	日本、川崎造船所
楚観	砲艦	鋼	750	1,350	13	1907	日本、川崎造船所
楚謙	砲艦	鋼	750	1,350	13	1907	日本、川崎造船所
楚豫	砲艦	鋼	750	1,350	13	1907	日本、川崎造船所
策電	砲艦	鉄	400	66	8	1877	イギリス
甘泉	砲艦	鉄	250	300	9	1908	中国、江南製造局

註：巡洋艦隊の「湖鴨」「湖燕」は日本側史料の記す名称であり、中国側史料では「湖鵬」「湖鷹」と記される。なお、上記巡洋艦隊、長江艦隊各船の諸数値は資料により齟齬があるが、その場合、日本製の艦船については日本側の史料に基づき、それ以外は『清末海軍史料』の記載に従った。

出典：『支那年鑑』（東亜同文会調査編纂部、1912年）328頁、海軍司令部同書編輯部『近代中国海軍』（北京、海潮出版社、1994年）624頁、姜鳴『中国近代海軍史事日誌（1860～1911）』（北京、生活・読書・新知三聯書店、1994年）285頁、張俠・楊志本・羅澍偉・王蘇波・張利民合編『清末海軍史料』（北京、海洋出版社、2001年）898-901頁及び劉伝標編纂『中国近代　海軍職官表』（福州、福建人民出版社、2004年）36-47頁より作成。

以上が清国海軍の精鋭艦隊である。このほか、福建、広東等で海上保安用に残っていた水雷艇六隻をあわせて、当時、戦闘可能と認められた中国海軍艦艇は以下のとおりであった(45)。

二等巡洋艦	一隻	四、三〇〇トン
三等巡洋艦	七隻	一六、一三三トン
水雷砲艦	三隻	一、七二一トン
砲　艦	一二隻	九、八一〇トン
水雷艇	一六隻	一、一二八トン
合　計	三八隻	三三、〇九一トン

湖北艦隊は日本製艦船により構成されており、その再編と中央移管は日本側の多大な注意を引いた(46)。張之洞は合計一五年余りも湖広総督を務め、中央の規定を外れた独自の政策・事業が少なからず、このため、清朝中央は一九〇七年八月に張を上京させ、湖広の地域基盤から引き離した。その時は、なお「中央政府ハ益ニ《ママ》其勢威ヲ憚リテ湖北ニ容喙スル等ノ事ナカリシガ」、一九〇九年後半、「一旦張之洞ノ死ニ瀕シテ其再ビ起ツ能ハサルヲ見ルヤ先ツ其苦心経営ニ係ル湖北艦隊ヲ奪ヒ去リ(47)」、同時に、政府規定以外の学堂も直ちに廃止した。陸軍将校講習所陸軍特別小学堂に属した海軍班や海軍機関学堂も同様である。

当時、湖北海軍学堂の日本人教習として勤務していた相羽恒三海軍少佐によれば、このような集権化政策は湖北官憲に多大な恐慌をもたらしたが、中央政府の命令ゆえこれに従わざるを得なかったという。

いずれにせよ、この二艦隊制の形成に代表される清末宣統期の海軍再建は、これまで数十年間にわたって解決できなかった全国海軍の統一化を短期間で成し遂げたのである。

再編後、各艦の艦長に任用されたものの多くは海軍軍歴の長いものであったが、主力艦の艦長には初めて満洲族が任命され、満洲貴族による軍事集権化の意図を示した。例えば、巡洋艦「海容」艦長喜昌、幇帯（副艦長）吉昇《きっしょう》、巡洋艦「海琛」艦長栄続《えいぞく》などである[48]。

また、漢人の海軍軍人に対しては閩《びん》（福建）系、粤《えつ》（広東）系の両派を互いに牽制させて、その勢力拡大を防ごうとしており、一九一〇年十二月海軍部成立の時には、海軍大臣載洵の補佐的ポストには閩系の薩鎮冰と粤系の譚学衡、程璧光がともに任命された。

艦隊乗組員や海軍陸戦隊の徴兵は、従来各洋海軍の指揮官や督撫により地方ごとに行われ、無計画で、時期や人数等も決められておらず、また特定地方に集中する傾向があった。このため、巡洋、長江の二艦隊に統一するに当たっては、所属軍人・兵士の従前の地方性を克服しなければならなかった。籌辦海軍事務処は直接本部から人員を派遣し、沿海各地方の住民の風俗・習慣を調査し、以下のように海軍徴兵管轄地域を画定した。すなわち「現在全国を四地域に区分し、北洋の山東・直隷省を第一区、南洋の江蘇・浙江省を第二区、閩洋の福建省を第三区、そして粤洋の広東省を第四区とする。さらに各地域を上下二路に分け、それぞれにいくつかの徴兵管区の局、所［役所］を設置する」、とされた[49]。

徴兵地域の区分とともに、各地督撫がこの制度に従うよう命じられた。これにより、従来、地方督撫や海軍指揮官が掌握してきた海軍兵士の徴兵権は中央政府により回収され、海軍の中央機構である籌辦海軍事務処が自ら直接、海軍兵士の徴募に当たることとなった。

第四節　海軍再建経費の調達

言うまでもなく、海軍戦力の構築・発展には多大な経費を必要とする。清朝海軍の創立と日清戦争前の拡充を支えた要因としても、また日清敗戦後十数年にわたり海軍再建を妨げてきた要因としても海軍経費の問題はもっとも枢要であり、宣統期におけるその再建に当たっていかにしてその経費を調達するかは最大の課題となった。清朝末期の財政状況はきわめて悪く、一九〇八年六月末までに未返済外債総額は九億八一六万三九三三両（一億三六一二万三五九〇ポンドに相当）[50]に上ったが、新政期の諸改革と同様、王朝はなお海軍再建を本格的に実行しようとしていた。

では、宣統期の実際の執政者であった摂政王載灃は、どのような方法、手腕により海軍再建経費を調達したのであろうか。全般的な財政難の中、どのようにして海軍への多大な経費投入が可能であったのだろうか。その全容を知るための系統的な史資料は目下のところ見いだされていないが、以下、諸種史料から海軍経費の調達の過程とそこにおける問題をできるだけ明らかにしていきたい。それは、また清末の新政実施、軍事再建と財政・権力をめぐる諸関係をも照射することを可能にするだろう。

一　海軍再建経費案

一九〇九年八月十三日、籌辦海軍大臣は海軍再建に関する出費予算案を上奏し、総建設費一八〇〇万両、年維持費二〇〇万両と定めて、度支部からの支給と各省督撫の支援を請うた[51]。上奏は直ちに摂政王載灃の裁可を得、宣統期海軍再建の予算案となった。総建設費一八〇〇万両の内訳は、軍港建築費一五〇〇万両と艦船購入費一六五〇万両であり、前者については同年まず五〇〇万両、翌年残りの一〇〇〇万両を支出するものとされた。後者の艦船購入費は総額一六五〇〇万両を四回に分け、四年以内に支出することと期限が定められた。しかし、財政困窮の中、度支部は五〇〇〇万両の建設費支弁を認めたが、残りは各省の拠金によるべきだと主張した。だが、清末、地方財政の困窮も著しく、海軍建設費の新たな負担に難しかった。そのため、載灃は中央から地方に至る諸官僚・有識者に対し、海軍経費問題解決の良策を提案するよう命じた結果、各種の提案が各地から上奏された。出された方策には、経費節約のほか、外国借款、各省分担金賦課、塩税転用、各省関税（常関、洋関）醵出、人頭税賦課、内帑金醵出、華僑募金など様々なものがあったが、その中には実施されると問題が生じる恐れのあるものもあった。例えば、人頭税の徴収は民衆の不満、ひいては暴動を引き起こしかねず、また塩税の転用は政府財政を悪化させる恐れがあった。さらに、清朝国家財政全体が困窮している中、海軍再建のための経費調達は、それによりいっそう資金不足となる国内諸機関・各地方が難色を示したり、抵抗することも予想された。

そのような中にあっても、摂政王載灃は海軍復興に情熱を傾け、そのための経費調達に全力を傾けた。当時の新聞『申報』によれば、「各籌辦海軍大臣が時に経費調達の困難を述べるのに、摂政王は同意せず、『籌辦』という語は本来、まず準備・計画を行い、その後適切に実施するべきことを意味している。余は、内外各衙門［役所］が節約に努めれば、経費のめどが立たないことはないと考える、と言った」という。(52)

このように、清末の海軍再建が進展し得たのには、摂政王載灃の断固実行の決意に大きく依存していたのである。

二　三つの資金調達法

その後、数ヶ月にわたり度支部は幾度も慎重な協議を重ねた結果、各省割当（総額の四割）、度支部支出（同三割）、民間募金（同三割）の三つの資金調達方法を案出した。(53)こうして、度支部は五〇〇万両を海軍再建経費に拠出し、さらに十月、各省の歳出入を精査し、その結果に基づき、海軍再建費割当金を定めた（表2－5参照）。

このように、創設費の場合、比較的裕福な直隷、江蘇、広東の三省は最高の一二〇万両、次いで浙江、福建、河南三省は各一〇〇万両、八〇万両、六四万両、そして財政困難な辺疆の東北三省では最低の一〇万両と各地の財政力に応じて分担金が割り振られた。だが、各省とも財政難は深刻であり、ほとんどが支出期限の延長や他経費転用を請願してきた。(54)

結局、中央政府と各省の交渉の結果、各省は分割払いで海軍建設費割当金を引き受けることを承諾し、陝西省（八年分割払い）以外の各省は宣統二（一九一〇）年より四年間で支払うこととなった。このほか、海軍の年維持費についても各省への割当が行われた。各省とも他項目からの転用や経費節約によってこの分担金を拠出方努力したが、その支払い期限が定められていなかったため、省ごとに毎月、三ヶ月ごととまちまちであったという。

以上のようにしてようやく調達のめどが立った各省の分担額を合計しても、実際には創設費が一一三四万両、年維持費が一六八万両にしか満たず、度支部支出の五〇〇万両を足しても予算案の二〇〇〇万両になお約二〇〇万両が不足した。なによりも海軍再建の進展を確保すべきと考えられており、この不足分は民間からの献金により充足すること、場合によっては度支部からの借り入れも可能とされた。

海外華僑及び国内各地の紳商による献金の総額の確定は難しいが、当時、確かに自発的に相当の額の民間献金が行われていた。その背景には、国内及び海外華僑の間ですでに高まっていた愛国主義があり、それが国権の象徴としての海軍建設を支援するある種のブームを呼び起こしたのではないかと推定される。

この時期の民間からの海軍建設費献金で代表的な例は、海外ではオランダ領東インドのジャワ華僑の「国民海軍補助会」、国内では安徽省、直隷省からの団体献金及び紳商個人の献金をあげることができる。

ジャワ華僑は、清朝朝廷が海軍再建の詔を発布したのを聞くと、自ら「国民海軍補助会」を設立した。同会は自主的に結成された民間愛国団体であり、寄付金を募り、それにより海軍建設を補助して華僑を保護するという主旨を記した大量のビラを配布した。同会の献金方法は「特別献金」と「普通献金」

表２－５　各省海軍経費分担金一覧

省別	創設費(万両)	年維持費(万両)
直隷省	120	20
奉天、吉林、黒龍江3省計	0	10(奉天6、吉林3、黒龍江1)
江蘇省	120	20
広東省	120	20
浙江省	100	15
山東省	80	15
湖北省	80	10
四川省	80	10
福建省	80	5
河南省	64	8
山西省	60	5
江西省	56	10
広西省	50	6
安徽省	48	8
陝西省	40	2
湖南省	36	4

出典：「度支部及各省認籌海軍開辦常年経費清単」（『申報』1909年10月24日）及び「記籌辦海軍事宜第三」（『東方雑誌』第11期、宣統元年10月）336-337頁に基づき作成。

に分かれ、前者は随時かつ任意の寄付であり、後者は五年を一期として月に数グルデン（Gulden）ずつ貯めるもので、その持久性を重視していた。(55)このような華僑の自主的な献金運動に対し、籌辦海軍委員会委員らは積極的に対応した。粛親王は急いで奨励章程を制定し、計一万両以上の献金者には直ちに実官を与え、一万両未満の献金者には栄誉称号を授けるべく旨を請うことを提議した。これは後に海軍献金による官職付与の制度をもたらしたと思われる。

華僑の献金では、このほか、一九〇九年夏、籌辦海軍大臣載洵等が国内視察の途次、香港訪問の際に、紳商チュンデンチン［漢字表記不明］が海軍再興費二〇万銀ドルの寄附を申し出たほか、(56)米国華僑の間では「二元捐」（各々が年に二元［ドル］寄付）などが提唱され、世界各地の華僑の間に広がるようになった。(57)

国内での団体による献金活動では、京師殖辺学堂《けいししょくへん》の学生募金及び安徽省の愛国海軍義捐大会が代表的である。清朝中央の海軍再建の動きに北洋地域の学界は積極的に呼応し、京師殖辺学堂の学生は全員、入学保証金各一〇元を海軍費に寄付することとし、合計五、〇〇〇～六、〇〇〇元を集めたという。(58)一方、安徽省では官・学・商・軍・警・農・工各界が国勢危殆、海軍復興の緊急性に鑑みて、三月十六日に警務公所教育総会の主催で各団体による愛国海軍義捐大会を開き、示威行進をし、民衆に献金を呼びかけた。その影響で、同省の陸軍各営兵士もそれぞれ月給の三分の一を海軍費に寄付したという。(59)

その他、個人による献金も行われた。例えば広東省紳士の張煜南《ちょういくなん》は海軍経費として二〇万両を寄付し、朝廷から侍郎銜を授けられ、さらに息子の二品頂戴広西試用道員張《ちょう》歩青《ほせい》が載洵らの海外海軍視察に随行することが許された。江蘇省候補道員の温灝《おんこう》は一万両を寄付し、江蘇省道員に昇進することを恩賜された。(60)このように、献金額の大小により様々な恩典が与えられた。籌辦海軍大臣の載洵自身も率先して五万元を寄付し、さらなる募金活動の拡大を図った。(61)

以上のように、民間での海軍建設費献金は各地で盛んに行われ、金額面では限定的であったにせよ、海軍再建に不可欠な社会全般の応援態勢を作り出す上で意味があったと考えることができるだろう。

三　内帑金

上記のように清朝官民は海軍経費の調達に努めたが、それでも海軍再建の遠大な計画を支えるのには十分なものではなかった。一九一〇年前半には、国内外の視察も終え、海軍再建の活動も着々と進んできていたが、財政問題は深刻であり、すでに受領した度支部支出金、各省分担金、各種献金を合計しても、なお不足額は膨大な額に上った。このため、載洵らは度支部に対し、同部及び各省未払い分の即時支出を求めたが、尚書載澤は海軍にはすでに一〇〇〇万元も支給した、それ以上は全国財政窮乏の中不可能だとこれを拒んだ。また各省も、その分担額を縮減するように絶え間なく度支部に電請していた。だが、載洵らは何としても暫時五〇〇万元の支出が必要であると度支部に要求し、両者の争いはほとんど衝突に近いぐらいであった(62)。

この難局を打開するため、七月七日、摂政王載灃は重臣を集めて協議を行った。諸軍機大臣は、みな海軍は国家の存亡に関わるものであり、経費節約を図るがために形だけのものになってはならないが、民力衰退の時期、経費全額を民間から取ることは負担に耐えられないだろうと認め、ただ内帑金を拠出し海軍再建を補助し、なお不足する分は度支部がさらに支出を図るしかないと主張した。摂政王も即時同意し、さっそく西太后が蓄え、残した内帑金を徹底的に調べ、確実な数値を得た後、そこから適当な額を支出する、またこの件につき全国に詔勅を下し、民衆の期待に応えるものとされた(63)。

海軍経費として出された内帑金総額が果たしていくらなのかは、諸説がある。日本側報道は、以下のように報じて

表２－６　1911年8月までの建造発注済み中国海軍艦船

艦種	トン数（トン）	隻数（隻）	注文先国別
3等巡洋艦	2,400	1	イギリス
同	2,600	1	イギリス
同	2,400	1	アメリカ
海洋砲艦	780	2	日本
同	約1,000	2	江南機器局造船所
河川砲艦	138	2	ドイツ
同	約120～130	2	江南機器局造船所
同	110	3	揚子機器廠
水雷駆逐艇	360	1	オーストリア
同	360	1	イタリア
同	360	1	ドイツ
同	400	2	ドイツ
ヨット	未詳（200未満）	1	ドイツ（青島造船所）
同	同	1	江南機器局造船所

原註：「以上は所謂第一期海軍拡張に属する艦船の全部注文済みとなり、合計1400万トン前後に達し、本年より明年に亘り全部竣成正に清国政府に引き渡す。」

出典：清国駐在特命全権公使伊集院彦吉より外務大臣小村寿太郎宛報告「清国海軍拡張第一期ニ属スル艦船注文ノ件」公第168号、1911年8月25日（「各国ニ於ケル船艦造修関係雑件」外務省外交史料館所蔵、5.1.8.7）。

いる。

近来に至りては故西太后の貯蓄せる、帝室財産中より百分の八を割きて、海軍復興費に宛てるとの声言を信じ居るものゝ如し、此の帝室財産を或人は二億万両と為し、或者は五千万両と為す、前者の計算とせば一千六百万両は海軍費となり、後者とすれば僅かに四百万両に過ぎず[64]

内帑金額の多少によって海軍建設費総額は大きく異なるが、とにかく四〇〇万両以上の経費は確保でき、これにより日米海軍視察とそれに続く海軍再建の諸計画を進めることができた。また、辛亥革命直前の一九一一年八月までに、国内外の造船所に対し多数の艦船の建造を発注することができた（表2－6参照）。

このように、宣統期に始まった清末の海軍再建は、常に財政難に悩まされながらも、少しずつその実績を積み重ねたのである。

おわりに

清朝政府は、その王朝復興のための改革プログラムの一環として、遅ればせながら近代的海軍の再建を図った。宣統期、事実上の執政者である摂政王載灃は軍事力を重視し、満洲貴族、なかでも兄弟など皇族を指導者として海軍の本格的な再建に取り組み、清朝最末期にはこれまで実現できなかった全国海軍の再編・再建に向けて着実に歩みを始めた。とりわけ、中央政府による海軍管轄機構の再建や、地域的に分裂傾向にあった海軍の再編・統一は、近代国家形成において重要な意義を持つものであった。このような軍事改革は相当の財政負担を伴うものであり、予算案の制定から資金調達法の確定・施行まで数々の困難を乗り越えつつ、海軍の再建が進められたのであった。

このように、日清戦争における北洋海軍の惨敗以来、中国は国際的に海軍なき国と見なされてきたが、清朝最末期における海軍の再建と発展とは、そのような認識を改め、国際的地位を向上させるという期待もこめて推進された。それは、清末の利権回収運動の発展や軍国論、国力増強論と同様、近代中国のナショナリズムにも支えられたものであった。

註

（1）「海軍衙門奏請停撤該衙門及内外学堂」光緒二十一年二月十六日〈一八九五年三月十二日〉（張俠・楊志本・羅澍偉・王蘇波・

張利民合編『清末海軍史料』北京、海洋出版社、二〇〇一年）八五頁。

（2）「署直隷総督王文韶奏請裁撤北洋海軍武職各実缺」光緒二十一年六月一日〈一八九五年七月二十二日〉（同右）八六頁。

（3）海軍司令部同書編輯部編著『近代中国海軍』（北京、海潮出版社、一九九四年）六二三―六二四頁。

（4）「憲法請倣日本、兵農工商請倣日徳両国」（郭廷以編著『近代中国史事日誌』下巻、北京、中華書局、一九八七年）一二五七頁。

（5）趙爾巽等『清史稿』（十二）、巻一一九（北京、中華書局、一九七六年）三四六一頁。

（6）「海軍処最近之籌備」（『申報』一九〇九年八月九日）。

（7）同処のその他各職の給与は、司長二〇〇両、副司長一六〇両、科長一〇〇両、一等科員八〇両、二等科員六〇両、三等科員四〇両、一等録事二四両、二等録事一八両であった〔「海軍処奏定官制紀詳」（同右、一九〇九年八月十六日）、「籌辦海軍近聞」（同、八月十日）〕。

（8）東亜同文会『支那年鑑』（東亜同文会調査編纂部、一九一一年）二二九頁。

（9）「聞此次極力興辦海軍之故、係因保和会三次開会祇有六年之限、務於下次與会時先将重復海軍之事一律完備、並聞本年駐使各国大臣電奏此事者共七員、皆以三次和平会時務将海軍成立為請」〔「籌辦海軍近聞」（『申報』一九〇九年三月三十日）〕。

（10）載灃（一八八三―一九五二）、愛新覚羅氏、清道光帝第七子醇親王奕譞の第五子、光緒帝載湉《さいてん》の弟。一八九〇年、奕譞死去により七歳で醇親王の爵号を世襲し、一九〇七年、軍機大臣として中央政界に参入、一九〇八年十一月以後、宣統朝の事実上の執政者となった。近年、載灃に関する研究は急速に進み、代表的な著書には、陳宗舜『末代皇父載灃研究』（哈爾濱、北方文芸出版社、一九八七年）、凌冰『愛新覚羅・載灃――清末監国摂政王――』（北京、文化芸術出版社、一九八八年）などがあるほか、檔案、日記、回想録など史料の公開と発行も進んでいる。とりわけ、中国社会科学院近代史研究所所蔵『醇親王府資料』（四函三四冊）、中国第一歴史檔案館所蔵『醇親王府檔案全宗』、首都博物館所蔵『載灃日記』（一部は「醇親王使徳日記」として『近代史資料』総第七十三号で公表されている）などが重要な史料である。また、未公刊の修士論文だが、李志武「載灃研究」（中山大学歴史系碩士論文、二〇〇三年五月、中国国家図書館所蔵）も注目に値する。

（11）載灃の訪独については、李学通「醇親王使徳史実考察」（『歴史檔案』一九九〇年第二期）、鈴木智夫「醇親王載灃の訪独（一）、（二）」（愛知学院大学人間文化研究所紀要『人間文化』第十八号、十九号、二〇〇三年九月、二〇〇四年九月）がある。

（12）載洵（一八八五年五月―一九四九年三月）は郡王銜貝勒《ぐんおうかんべいれ》、愛新覚羅氏。光緒帝載湉、摂政王載灃の次の地位である醇親王奕譞の第六子。瑞郡王奕誌の養子となり、廂白旗に属す。一九〇九年七月籌辦海軍大臣、一九一〇年七月参預政務大臣、同年十二

月海軍大臣、一九一一年五月奕譞内閣の海軍大臣に就任（銭実甫『清季重要職官年表』（北京、中華書局、一九七七年）二四四頁及び同『清季新設職官年表』（北京、中華書局、一九七七年）八八頁）。

載濤（一八八七年六月二十三日―一九七〇年九月二日）は、一九〇八年十二月二十五日～一九一一年九月、専司訓練禁衛軍大臣に任じ、一九〇九年七月十六日、管理軍諮処事務大臣を兼任した。同年八月二十四日軍諮処設立、一九一一年五月八日軍諮大臣に任命され、同年十一月一日辛亥革命勃発のため免職（前掲『清季新設職官年表』五九―六〇頁、鄭懐義・張建設『皇叔載濤』（北京、華文出版社、二〇〇二年）参照）。

(13) 前掲「載灃研究」一二頁。

(14) 軍機大臣上学習行走は軍機処の官職名。軍機大臣はその経歴に応じて「大臣」と「大臣上行走」に区分され、さらに新任の者は「大臣上学習行走」に任じられた（趙爾巽等撰『清史稿』巻一一四「職官一」（中華書局、一九七六年）三二七〇頁及び張徳沢『清代国家機関考略』（北京、中国人民大学出版社、一九八一年）一三頁参照）。

(15) 「吏部発給載灃在軍機大臣上学習行走註冊執照」（光緒三十三年五月初玖日）（『清醇親王府檔案』中国第一歴史檔案館所蔵、清二―2）。また、前掲『清季重要職官年表』五一頁及び故宮博物館明清檔案部編『清末籌備立憲檔案史料』上巻（中華書局、一九七九年）四五―四六頁、参照。

(16) 前掲『清末籌備立憲檔案史料』上巻、五四―五八頁。

(17) 「清韓国国状一斑」（『明治四十二年　公文備考　雑件一』巻一一七、⑩公文備考M42―121、防衛省防衛研究所図書館所蔵）〇四八二―〇四八四頁。

(18) 日本側史料では「海軍再建委員会」と称する。

(19) 前掲『清末海軍史料』九三頁、前掲『近代中国史事日誌』一三二五頁。

(20) 「茲悉澤公職掌財政事宜、又将現在南北洋所有管帯軍艦兵員等、常年経費及修理経費共度支若干款、侍将来添設之軍艦応由何項提款、較旧有之艦増款若干、其籌画之責由澤公担任、編成海軍制度徴兵事宜、建設海軍学堂、編成章程及教育砲兵技能、教育兵士、管理軍艦機器事宜及料理魚雷辦法、軍艦上管束水兵之監獄章程等事、悉皆責成鉄尚書担任、若選択軍港修建軍港及測量軍艦水線、採用取軍艦需用之煤炭、応由何処装用及採挖何省之鉱、何処可備供済事宜係薩提督担任、而粛邸為籌画海軍之総轄機関。」（『申報』一九〇九年五月九日）。

(21) 前掲『清末海軍史料』九六―九八頁及び前掲『清史稿・職官六』（十二）巻一一九、三四六一―三四六二頁。なお池仲祐は、七月（閏六月）籌辦海軍事務処は成立の当初すでに八司を設けていたとするが、他の史料の記載と一致せず、棄却する（池仲

祐『海軍大事記』（沈雲龍主編『近代中国史料叢刊続編』第十八輯、台北、文海出版社、一九七五年影印）二九頁）。

(22) このほか、徐興倉《じょこうそう》、施作霖《せさくりん》、沈樑《しんりょう》、王光熊《おうこうゆう》、何嘉蘭《かからん》、呉毓麟《ごいくりん》、方佑生《ほうゆうせい》、羅則均《らそくきん》、来珣《ききょう》、楊鳳藻《ようほうそう》、李光《りこう》、王翰《おうかん》、何蕃蔭《かばんいん》、林《りん》鼈《べつ》、仇宝《きゅうほう》、孫同鎬《そんどうこう》、唐運漢《とううんかん》、沈和《しんわ》、李栄煕《りえいき》、王国観《おうこくかん》、崔炳翰《さいへいかん》、呉守誠《ごしゅせい》、車以庸《しゃにょう》、領催《りょうさい》、瑞捷《ずいしょう》、開斎《かいさい》が同様に任用された（『申報』一九〇九年十月十三日）。

(23) このほか、孔繁裕《こうはんゆう》、呂富永《ろふえい》（分省試用県宰海軍卒業生）、馮汝玠《ふうじょかい》、趙福涛《ちょうふくとう》、李振鐸《りしんたく》、文炳《ぶんへい》、延続《えんぞく》、長桂《ちょうけい》、増続《ぞうぞく》、聞韶《ぶんしょう》、孫慶《そんけい》、史《し》應棣《おうてい》、張春澤《ちょうしゅんたく》、繆欽臣《びゅうきんしん》、李宝符《りほうふ》、英嵩福《えいすうふく》が同様に任用された（同右、一九〇九年十月十三日）。

(24) 「籌辦海軍大臣奏重訂各司職掌折」一九一〇年四月八日（前掲『清末海軍史料』）五一八—五一九頁。

(25) 『申報』一九〇九年二月二十二日。

(26) 同右、一九〇九年六月七日。

(27) 同右、一九〇九年三月三日。

(28) 「海軍事宜彙聞」一九〇九年四月二十六日（同右）。

(29) 前掲『清末海軍史料』九四—九六頁。

(30) 前掲『支那年鑑』一二九頁。

(31) 「載洵奏出京巡閲九省海防情形」一九〇九年九月二十七日（前掲『清末海軍史料』）九八頁及び「抄奏遵旨闢港巡閲事竣挙其重要大概情形摺由」（宣統元〈一九〇九〉年八月二十一日）（中国第一檔案館所蔵会議政務処檔案）五五四—四四四。

(32) 以下、特に註記した部分を除き、国内海軍視察については同右資料及び『清国籌辦海軍大臣載洵貝勒南清地方及海外視察関係雑件』（外務省外交史料館所蔵、5.1.10.29）、「籌辦海軍大臣南下日記」（『東方雑誌』第九期、宣統元年八月）二五四頁、「籌辦海軍大臣南下日記第二」（同、第十期、同年九月）三三一—三四頁による。

(33) 池仲祐『海軍大事記』二一頁。

(34) 朱寿朋『光緒朝東華録』（五）（中華書局、一九五八年）総第五五六三頁。

(35) 同右、総五五五五頁。

(36) 「該督等所奏象山港一処、近来論列海軍者、亦多称為中国軍港上選」「政務処奏請詳勘象山港折」一九〇六年八月三十日（前掲『清末海軍史料』）二九四頁。

(37) 「天野恭太郎在福州領事より小村寿太郎外相宛報告」公第九二号、「洵貝勒一行象山浦港湾及馬尾船政局視察ノ件」一九〇九年九月七日（『清国籌辦海軍大臣載洵貝勒南清地方及海外視察関係雑件』外務省外交史料館所蔵、5.1.10.29）。

(38) 載洵らの馬尾到着と視察の状況については、福州駐在日本領事の報告に詳しい。「閩浙総督洵貝勒出迎ノ為メ象山浦へ出張ノ件」公第八七号、一九〇九年八月二十九日と「洵貝勒一行象山浦港湾及馬尾船政局視察ノ件」公第九二号、一九〇九年九月七日（同右）。
(39) 「洵貝勒一行象山浦港湾及馬尾船政局視察ノ件」公第九二号、一九〇九年九月七日（同右）。
(40) 「載洵殿下及薩提督来香ノ件」公信第三三号、一九〇九年九月九日（同右）。
(41) 『申報』一九〇九年九月二十八日。
(42) 「記籌辦海軍事宜第一」（『東方雑誌』第九期、宣統元年八月）二五三頁及び「記籌辦海軍事宜第二」（同、第十期、宣統元年九月）三二頁、前掲『清末海軍史料』一〇〇―一〇一頁、前掲『支那年鑑』二二九―二三〇頁、『東京朝日新聞』一九〇九年九月二日記事など。
(43) 前掲「記籌辦海軍事宜第二」三二―三三頁及び前掲『清末海軍史料』一一二頁。
(44) 前掲『清末海軍史料』八九三頁及び前掲『支那年鑑』二二八頁。
(45) 東亜同文会『支那年鑑』（東亜同文会調査編纂部、一九一二年）二二八頁。
(46) 晩年の張之洞と日本の親密な関係、とりわけ張の下の日本人軍事顧問については、李廷江「十九世紀末中国における日本人顧問」（衛藤瀋吉編『共生から敵対へ――第四回日中関係史国際シンポジウム論文集――』東方書店、二〇〇〇年）、同「日本軍事顧問と張之洞――1898～1907――」（『アジア研究所紀要』亜細亜大学アジア研究所、第二十九号、二〇〇二年）を参照。
(47) 武昌・相羽海軍少佐より齋藤海相宛、一九〇九年十月二十八日（前掲『明治四十二年　公文備考　雑件二』巻一一七、⑩M42―121）〇六二一―〇六二六頁。
(48) 薩本仁『薩鎮冰伝』（北京、海潮出版社、一九九四年）八七頁。
(49) 『申報』一九一〇年九月三日。
(50) 同右、一九一〇年二月二日。
(51) 『東方雑誌』（第九期、宣統元年八月）二五四頁。
(52) 『申報』一九〇九年三月二十一日。
(53) 「籌辦海軍最近之計画」（同右、一九〇九年八月十五日）。
(54) 包遵彭『中国海軍史』（高雄、海軍出版社、一九五一年）二一六頁。
(55) 『申報』一九〇九年三月二十九日。

(56)『東京朝日新聞』一九〇九年九月十七日。
(57)「又有提倡海軍捐者」（『申報』一九一〇年一月十一日）。
(58)『申報』一九一〇年三月十二日。
(59)同右、一九一〇年四月二日。
(60)同右、一九〇九年十月二十九日
(61)同右、一九一〇年二月二十日。
(62)同右、一九一〇年五月二十三日
(63)同右、一九一〇年七月十四日。
(64)『大阪朝日新聞』一九一〇年八月二十九日。

第三章　清末の海軍視察と日本の対応（一九一〇年）

はじめに

日清戦争後の中国の国際的地位の急落は顕著であった。その内的・構造的要因についてはさておいて、より直接的には、日清戦争による清朝海軍の壊滅が中国の対外防衛能力の喪失を示し、また「小国」日本への敗北という事態により国力衰退を内外に露見させたことが、列強の中国利権獲得競争、勢力圏分割を促したということができよう。

従って、日清戦争と清朝海軍の研究は中国近代史を考察する際に重要不可欠な問題であるが、従来、中国語圏以外での研究はきわめて少なく、また中国での研究は時期的には日清戦争までに、分野的には戦史か人物論に偏っており、日清戦後の中国海軍についてはほとんど研究が行われていない(1)。

日清戦争の敗戦によって北洋海軍は僅か運送艦「通済」の一隻を残して全滅したが、清朝海軍の歴史はこれで終わったわけではない。清朝指導者はなお引き続き海軍再建に努めており、とくに清末の立憲改革の時期には本格的に海軍再建に取り組み、海軍の中央機構設置、集権化、軍港整備、艦船発注、艦隊拡充のほか、海外への海軍視察団派遣、海軍留学生派遣などを行っていたのである。

本稿では、まず清末の海軍再建の動きを述べ、ついで清朝が籌辦海軍大臣載洵、薩鎮冰らの海軍視察団を日本に派遣するに至る経緯と、日本訪問・視察の過程（一九一〇年）、そして日本側の対応を詳しく検討する。このような検討により、清末における海軍再建の進展状況とその諸要因、問題点、そして日本側の中国認識及び政策について具体的に明らかにしていきたい。それはまた、海軍建設をめぐり展開した清末の政治及び日中交流の知られざる歴史事実に光を当てることになるだろうと考える。

第一節　清末海軍再建に対する日本の態度・方針

宣統期の清朝海軍の本格的な再建の取り組みに対して、日露戦後海軍を拡大しつつあった日本はどのように認識し、対応したか。まず、日本の対中国政策の基本線を確認しよう。

一九〇八年九月二十五日、閣議で決定した日本の対外方針では、中国に対しては、「他国ノ離間中傷」が入らないよう、「帝国ハ今後清国ニ対シ努メテ其感情ヲ融和シ彼ヲシテ成ルヘク我ニ信頼セシムルノ方針ヲ取リ……専ラ同国官民ノ懐柔ニ腐心スル」こととしていた(2)。

このように、当時日本側は日中親善をアピールし、懐柔する政策をとっており、従って、例えば、一九〇八年十一月、小村寿太郎外相は渡米の途次、来日した奉天巡撫唐紹儀《とうしょうぎ》と会見し、「日清両国相携ヘテ共ニ東亜ノ事ニ従フノ決心ヲナス」(3)べきだと勧説し、また、海軍側も、一九〇九年七月二十四日、第三艦隊司令官寺垣猪三海軍少将の広州訪問の際、「清国諸官ニ対シ最モ懇勤ナル態度ヲ以テ両国間ノ交誼親善ノ必要ヲ説」いた(4)。さらに、一九一〇年一月、小村外相の帝国議会における外交方針演説は、「帝国ト清国ハ政事上並経済上極テ重大緊切ナル関係ヲ有スルヲ以テ両国ニ於テ其交情ヲ敦フスルノ必要アルハ論ヲ俟タス」、従って、「今後両国ニ於テ常ニ和衷ノ精神ヲ以テ妥結ニ従フ」べきであると論じ、出先外交官にもその旨、伝達させたのである(5)。

では、日本は清末の海軍再建に対してどう認識していたのか。

日清戦争以後、日本ではずっと清国は海軍なき国と見なしていた。一九〇七年四月の「帝国国防方針」がロシア、アメリカ、清国を想定敵国としつつも、清国は実際には敵国にはなれないと断じていたのも[6]、日本の清国陸・海軍への軽視を反映するものであろう。

しかし、一九〇七年六月、清朝が陸軍部内に海軍統括機構の海軍処を設置した頃から、日本側は中国海軍再建の動向に注目し始めた。そして、一九〇九年二月十九日、清朝が海軍建設を始める旨の上諭を発布したことはとくに日本側の注意をひいた。清国公使館附武官増田高頼海軍中佐は直ちに伊集院五郎軍令部長に報告し、薩鎮冰の上京など清国海軍の再建の動きにとくに注意を払った[7]。また、伊集院彦吉駐清公使（一九〇八年六月―一九一三年七月在任）も、同年三月七日、上記の上諭を訳出し、粛親王の上奏内容は不詳だが、ともかく清国はこれまで「一国ノ海軍トシテハ殆ント有名無実」の存在にすぎなかった海軍に関し、ようやく具体的な復興案を計画することになったと外務省に報告したのである[8]。

伊集院の報告は、海軍再建に当たり、清朝政府は中央統括機構の構築など組織制度面の建設や艦船製造、人材育成、軍港開設などによる軍事力の増強を当面の課題と設定している。これに対し、英・米・独など海軍先進国はすでに艦船製造の受注運動を始めており、日本も傍観はできない、とした。このため、まず、海軍復興の事業ともっとも密接に関わっている粛親王の意向を探知したところ、目下のところ海軍行政組織の整頓と人材の養成が軍艦製造よりも急務であるとのことであった。それに対し、伊集院は、「若シ清国ヨリ日本海軍行政組織ノ調査及ヒ各実科練習ノ為将校ヲ日本ニ派遣スルカ如キコトアラハ自分ハ出来得ル限リ尽力スヘク若シ又表向ノ道筋ニテ都合悪シキ事情アルナラバ自分ハ海軍部内ニハ旧友モ少カラサルコト故此方面ニ向ヒ清国ノ為メ斡旋依頼ノ労ヲ取ルヲ辞セサル[9]」と粛親王にいい、中国の海軍再建を支援する形で日本の勢力伸長を目指したのである。

さらに、伊集院は、「清国ニシテ有為ノ将校ヲ帝国ニ派遣シテ我制度ノ調査及ヒ各種実科ノ練習等ヲ為サシムルコトハ之ヲ彼我ノ国交ヨリ見ルモ必要ナル事柄ナル」と主張し、日本海軍当局も、「我方ニ於テハ帝国ニ清国将校ヲ引受クルニ異議ナキノミナラズ来朝ノ上出来得ル限リ便宜ヲ与フベキ」だとこれに賛同した。これに基づき、伊集院はまた北京警務学堂教務監督川島浪速を送り、粛親王に対し、日本は最近日露戦争の経験あるのみならず、海軍行政組織完備し、各実科技術等も発達しており、ぜひ日本を海軍建設のモデルにするように勧めさせた。そして、これまでも清国よりは多数の留学生を日本の商船学校に送り、海事を学習させているが、卒業、帰国後は下級将校となったにすぎず、今後は清国海軍現役将校の中から有為の人材を選抜し、日本へ送って制度の調査や実地の研究を行わせたらどうか、もし必要と認めるのならば、日本海軍側は「喜ンテ助力スヘキコト、思考スル」と勧誘に努めたのである(10)。

一方、日本海軍では中国在勤の軍人が特に清朝海軍再建に多大な関心を示し、これを支援するとともに日本の勢力を扶植しようと考えていた。例えば、一九〇九年三月、長沙に入港し湖南海軍の改良に助言した軍艦「隅田」の大井五郎艦長、同年湖北海軍学堂の日本人教習相羽恒三海軍少佐や「音羽」艦長として長江警備に担った秋山真之らがその代表である。

秋山真之は、清朝海軍の再建の動向と対応について、ほぼ伊集院と同様の見方をとった。上海滞在中の秋山は、清国海軍再興の廟議決定後、「其専壱着手の事業が現在各省水師之統一編制、軍港之選定及始計、製艦之計画、並ニ将校教育等ニある」と状況を把握し、英米独等による武器・軍艦売込み競争の中にあって、「我国ハ此間に処して袖手傍観彼等の為すか儘に任すべき乎」と政府及び海軍側の対応に期待した。とくに、日本が清国海軍再建に関連してもっともとるべき策は同国海軍人材の養成事業に携ることであるとし、「我海軍が清国留学生ニ兵学校並ニ機関学校を開放せハ彼等ハ争ふて我教育を受け直接間接ニ将来を益する事我陸軍士官学校卒業清国将校の現情ニ鑑み明白なる事被存候……留学生教育等ハ実ニ他日利用の機会と地歩とを作るもの可と想信致候」と考えていた(11)。

以上のように、当時日本側は中国への融和・懐柔政策により日本の在華権益の擁護・増進を図る方針をとっていた。また、清国海軍再建の動きに対しては、日本側は当初の無関心から注視、そして積極的関与へと態度を変え、諸列強の清国艦船受注競争に対抗して受注をのばすよう努めるほか、とくに留学生の受け入れにより清朝海軍軍人の育成に協力し、清国海軍内に親日派勢力を育てることにより、日本の勢力を拡大することを狙っていた。このため、清国海軍留学生の受け入れ先を、当初の商船学校だけでなく、海軍学校、同術科学校に拡大し、彼らへの専門的な海軍教育を充実させようとしていたのである。

第二節　対日海軍視察に至る経緯

一　海外海軍視察の目的

清末中国では、立憲政治制度の導入をはじめ、中央官制、軍事、財政、司法、教育などあらゆる面の改革のモデルを欧米諸国や日本に求めており、海外への視察は改革実施前の不可欠のステップと考えられていた。例えば、呉汝倫らによる教育視察、唐紹儀による財政視察、載濤による陸軍視察などである。

海軍の改革と再建においても、薩鎮冰は、自ら東洋や西洋へ赴き、各国現行の海軍制度を視察した後でこそ、これらを参考にし、制度化することができると考えており、海外視察は当然の前提であった。薩は籌備海軍委員会における唯一の海軍専門家としてしばしば摂政王に引見され、海軍再建の進行状況や将来計画などにつき諮詢を受けていた。皇族を海軍視察に派遣することも、薩の提言に基づくものであった。一九〇九年七月、籌辦海軍事務処設立に当たり、薩は摂政王に「親貴大臣を各国に派遣して、海軍を考察して模範とする」よう請い、裁可を得た[12]。こうして、若手皇族の載洵も加わり、国内の海軍視察を行った後に海外の視察を行うこととなった。

一九〇九年八〜九月、載洵、薩鎮冰らは国内海軍視察を行った（詳細は第二章参照）。これは海軍再建のための国内的条件の把握と整備に努めたものであり、全国海軍の再建への第一歩であった。帰京の際、載洵らは出迎えの官吏に視察の感想をこう述べた。「今回は各省海軍の視察を通じておおいに経験を積み、体調もよく、在京勤務の時とはかなり違うと感じる。だが、まだ私の学識は不十分なので、皇太后入葬前に各国視察に赴き、十二月に帰京したいと思う」[13]。また、載洵らは国内海軍視察の経過と所見をまとめた報告書において、「治軍の道は彼我双方を知ることをもって貴しとする。今回は旨に従い各省に赴いて巡閲し、視察の結果、長江沿岸及び沿海地域の状況をほぼ知ることができた。だが、さらに各国を遊歴し、博く各国の制度を尋ね、その長を取り、準則としなければならない」[14]、と次は海外視察が必須であると述べた。

このように、海外海軍視察の目的は、海軍の進んだ諸国を歴訪し、各国海軍の制度・技術や人材養成方法などを視察、摂取し、海軍復興を実現したいというものであった。また、摂政王載灃の抜擢により海軍の責任者に任じた載洵は皇族という以外何らの経歴もなかったため、彼に海外視察の経歴をつけ、権威づけることも目的の一つだという見方も可能であろう[15]。

二　欧州海軍視察

さて、国内海軍視察を終えた後、九月二十七日、薩鎮冰は日本の伊集院公使を訪ね、まずヨーロッパの海軍視察に向かうが、その後、日本を訪問、視察したい旨を伝えた[16]。また、前日にも軍機大臣兼外務部会辦大臣・大学士の那桐から同様の意向が伝えられていた。摂政王載灃は、海軍は国防に関わり重要で、急いで再建しなければならないと考えており、載洵、薩鎮冰らに国内視察終了後、直ちに海外視察に赴くよう、命じたのである。

一九〇九年十月十一日、載洵、薩鎮冰らは元駐米公使梁誠《りょうせい》を幕僚に、主として籌辦海軍事務処処員よりなる一七名の随行員を従えて北京を発ち、上海よりドイツ商船に乗って欧州視察に出発した。視察団は、十一月十九日より英、仏、伊、墺、独、露の順に訪問し、シベリア鉄道経由で一九一〇年二月五日帰京した。(17)訪問国の中では、イギリスの滞在期間がもっとも長く、ドイツ滞在がそれに次いだ。イギリスは伝統的な大海軍国、ドイツは新興海軍国家とされ、さらに従来から中国との間で艦船購入や海軍留学生派遣など関係が深かったからでもあるだろう。英・独・仏の海軍を実地に視察したことは清国の海軍再建計画立案に当たって参考となっただろうし、またオーストリアの如く海軍の微弱な国の水雷製造にも多大な興味を示しており、同じく大陸国家で海軍の微弱な清国にとってより近く適切な参考例と見なされ、共感を呼んだためであると思われる。

欧州視察から帰国後、載洵、薩鎮冰らは早速、日米海軍の視察訪問に取り組んだ。

三　日米海軍視察の準備

一九一〇年七月二十日、籌辦海軍事務処は、「すでに欧州視察より帰国して数ヶ月し、文書整理も終わった。米、日両国にはすでに以前に通告済みなので、早く視察に赴き、外国側の信を失わないようにしたい」と上奏し、朝廷の許可を得た。(18)ついで、籌辦海軍事務処と外務部の交渉の結果、七月二十九日、呉振麟《ごしんりん》駐日代理公使より小村外相に対し、八月二十四日に上海を発ち日米の海軍事務視察に赴く旨、正式に通知した。(19)

まず、視察団の組織が行われた。籌辦海軍事務処では、日米海軍視察の随行人員に関する方針を定め、欧州視察と同様に、「海軍関係の調査を任務とする者はみな本処人員中から選任、派遣」し、「交際応酬を任務とする者は外交を

表３－１　清朝の日米海軍視察団人員表

氏　名	官職名	階級･官等	司掌事務	外国語	備考
載　洵	籌辦海軍大臣			英語	
薩鎮冰	籌辦海軍大臣、海軍提督	海軍中将		英語	
周自斉《しゅうじせい》	前署外務部督丞、外務部丞参上行走	勅任		英語	
延《えん》　鴻《こう》	民政部右丞	勅任		日本語	
曹汝英	軍学司司長、海軍正参領	大佐局長	教育訓練、軍諮処海軍庁開始まで全般（出師作戦、諜報、編纂等）	英語	武官
鄭汝成	軍法司司長、同上	同上	軍事裁判、風紀法律	英語	武官
徐振鵬《じょしんほう》	軍制司司長、同上	同上	海軍制度例規、将校、機関官、技師の人事及び兵器	英語	武官
鄭《てい》祖《そ》彝《い》	上海駐在一等参謀官、同上	大佐	籌辦海軍事務処参謀官上海駐在員	英語	武官
林葆綸	軍防司司長、同上	大佐局長	各省水師（旧式）士官、下士詮衡及び測量	英語	
趙　鶴齢《ちょうかくれい》	軍儲司司長、同上	同上	海軍経費、被服、糧食必需品		文官
馮　恕	軍枢司司長、同上	同上	処員人事、機密文書電報の取扱及び公文書の発送接受		文官
馮国勲	外務部日本科科員、天津洋務局会辦、江蘇補用道	高等官四等		日本語	
李《り》景《けい》鉌《か》	日本語通訳、軍法司司法官	少佐		日本語	
張《ちょう》　歩《ほ》青《せい》	郵伝部参議上行走、広西試用道	高等官四等		英語	

註：以上のほか５名の護衛がいるが略す。階級･官等は相当する日本のものを示す。
出典：「考察海軍大臣載洵殿下一行官歴摘要」（『明治四十三年　公文備考　儀制五』巻 8、⑩公文備考M 43—8）0614-0616 頁、『清宣統朝中日交渉史料』（沈雲龍主編『近代中国史料叢刊』第 62 輯、台北、文海出版社、1971 年）301-304 頁及び『時事新報』1910 年 10 月 22 日記事等より作成。

熟悉する人員中から出向させ」るが、前者については海外視察経験者と未経験者と「新旧半々」とするものとした。それは、「より多くの人員に外国事情参観をさせ」「将来の軍備計画、準備にあたって大きな助けとなる」ようにさせたいと考えていたからであった[20]。

この日米海軍視察団人員は表3－1のとおりで、籌辦海軍大臣載洵、薩鎮冰をトップに、外務部の周自斉、民政部の延鴻及び籌辦海軍事務処各司長らが随行した。

清朝の訪日海軍視察に関しては、胡惟徳《こいとく》（駐日公使、ついで外務部右侍郎）ら中国側と伊集院駐清公使ら日本側との間で協議の結果、一九一〇年八月二十四日に上海を発ち、中国―日本―アメリカ―日本―中国というルートで日米海軍の視察を行い、日本には合計二週間と三、四日程度滞在すると定められた。

第三節　日本海軍視察と日本の対応

一　清国視察団への接待準備・方針

日本への海軍視察は経路の関係でアメリカへの往復時に行われ、訪米往路は非公式のもの、訪米復路は公式のものとされた。

まず、訪米往路の日本視察に関しては、宮内省は事前に清国公使館と視察時の宿泊や乗り物などについて協議し、公使館側の希望に沿って神戸や横浜など中国居留民の多いところを避け、沿道の別荘を借り受けて宿舎とし、汽車は貴賓車を連結した臨時列車に限ることにした。宿舎は、宮内省が鉄道院及び岩崎家、松方家、川崎家と協議した結果、長崎では三菱造船所の占勝閣、神戸では布引村の川崎本邸、大磯では岩崎別邸を借り受けることとなった。

八月十六日、宮内省は載洵らの接伴員として、森義太郎海軍大佐、浅野長之式部官、増田高頼及び坂本則俊海軍中佐を任命した。森大佐は当時、清国公使館付け武官として三度目の北京在勤中の中国通であり、載洵の随員馮国勲とともに八月十八日北京を発ち、二十三日午前、長崎に先着して歓迎の準備に当たった。そのほか、載洵らの接待のために中国から一時帰国したのは海軍中佐増田高頼と川島浪速であり、三名とも同年春に来日して陸軍を視察した載濤

図５　清国海軍視察団への接伴員

左から長崎省吾式部官、藤井較一海軍中将、青木宣純陸軍少将（『東京朝日新聞』1910年10月23日より）。

の接伴員に任じた経験があった。森、川島のほか、増田も駐清公使館武官補に任じていた中国通であった[21]。中国通の軍人を集めて接待を担当させたことに、日本側の歓迎の熱意と準備の周到さが窺えよう。

さらに十月訪米復路の際の日本海軍視察に対しては、日本側は清国使節の公式訪問として盛大な歓迎の姿勢を表すべく努め、海軍省では視察団接待の任務、滞京中の対応や手配すべき交通手段などを明記した「清国載洵殿下接待次第[22]」を定め、接伴員全員に交付し、これに従わせた。特に皇族である載洵に対しては、日本皇室の貴賓として特別の待遇を行うべく、港湾及び駅頭における皇族や閣僚による送迎、芝離宮を宿舎とすることなどが定められた。もってその接待準備の万全さ、組織性、そして清朝皇族来日への期待を知ることができよう。

また前述の往路接伴員のほか、復路に際しては、長崎省吾式部官、藤井較一海軍中将、青木宣純陸軍少将（図５）をはじめ合計一一二名にも上る接伴員及び附属人員が事前に任命され、準備に当たった[23]。このほか、接待のための諸資料や「接伴員服務心得」等の規則が関係者に配布された。また、同二十日には「載洵殿下御滞京中儀礼ニ関スル件[24]」を定めて、関係機関責任者に通牒した。それは、載洵の東京訪問時の儀礼を、送迎、伺候、海軍省・水路部・海軍諸学校訪問の三期に分けて事細かに規定したものである。このように接伴プログラム、方式、儀礼などを詳しく規則に定め、遵守、実行させたことは復路接待準備の大きな特徴であった。

以上のように、日本側は万全の準備を整えて、載洵以下清朝の海軍視察団一行を歓迎し、視察に協力する姿勢であった。それが、清朝使節団の来日以後、実際にどう遂行されたのか、日中双方はどのような交流をし、どのように相手を認識したのか、以下で詳細に検討することにしたい。

二　訪米往路の日本視察（一九一〇年八月二十六日〜九月四日）

八月二十三日、清朝海軍視察団は北京を発ち、翌日、上海で米国汽船「マンチュリヤ」号に乗船し、長崎港に向かった。

今回の海軍視察は、清朝支配者にとってその統治権強化、国力増強を目指す諸政策の一環であり、清朝が海軍再建を進めるために、日本の近代的な海軍システムを観察し、自国に役立てることを目的とした。従って、視察の対象は、海軍省、軍令部、各鎮守府、軍港、艦隊などの諸機構や部隊にとどまらず、各種の海軍学校などの教育システム、さらには軍を支える海軍工廠や民間造船所など兵站システムにも及んでいた。

清朝視察団の往路訪日視察の日程は、表3－2のとおりである（訪問経路は図6を参照）。

その日程のうち、八月三十一日、視察団の乗船「マンチュリヤ」号にペスト感染者が発見され、岩崎別邸に足止めとなったのは予想外の事件であった。このため同船は厳格な消毒と検疫を受け、横浜出港が延期となったが、一行は日本滞在期間が延びたため、横須賀の海軍施設視察を行うことができた。

表３－２　清朝海軍視察団の往路視察日程表

日　時	視察内容
8月26日	長崎入港、占勝閣（図7）で岩崎小彌太と会談、随員は三菱長崎造船所工場・船渠等巡視
8月27日	同造船所船渠・船台・新造艦船及び各工場、試験槽タービン機製造場等巡覧
8月28日	神戸三ノ宮着、川崎本邸宿泊
8月29日	神戸川崎造船所・三菱神戸造船所各工場、船渠巡視、大阪築港沖巡航
8月30日	大磯着、岩崎男爵別邸宿泊
9月1日	鎌倉着、旅館「三橋」宿泊
9月2日	横須賀着、同軍港見学
9月3日	横須賀軍港・水雷学校・砲術学校・機関学校参観
9月4日	横浜着、「マンチュリヤ」号乗船、サンフランシスコに向けて出帆

出典：「清国載洵殿下接伴日誌」（『明治四十三年　公文備考　儀制五』巻8、⑩公文備考 M43-8）0721-0747頁及び「載洵出使外国抵日美報告行踪稟電」（中国第一歴史檔案館所蔵『清醇親王府档案』（清二—3））より作成。

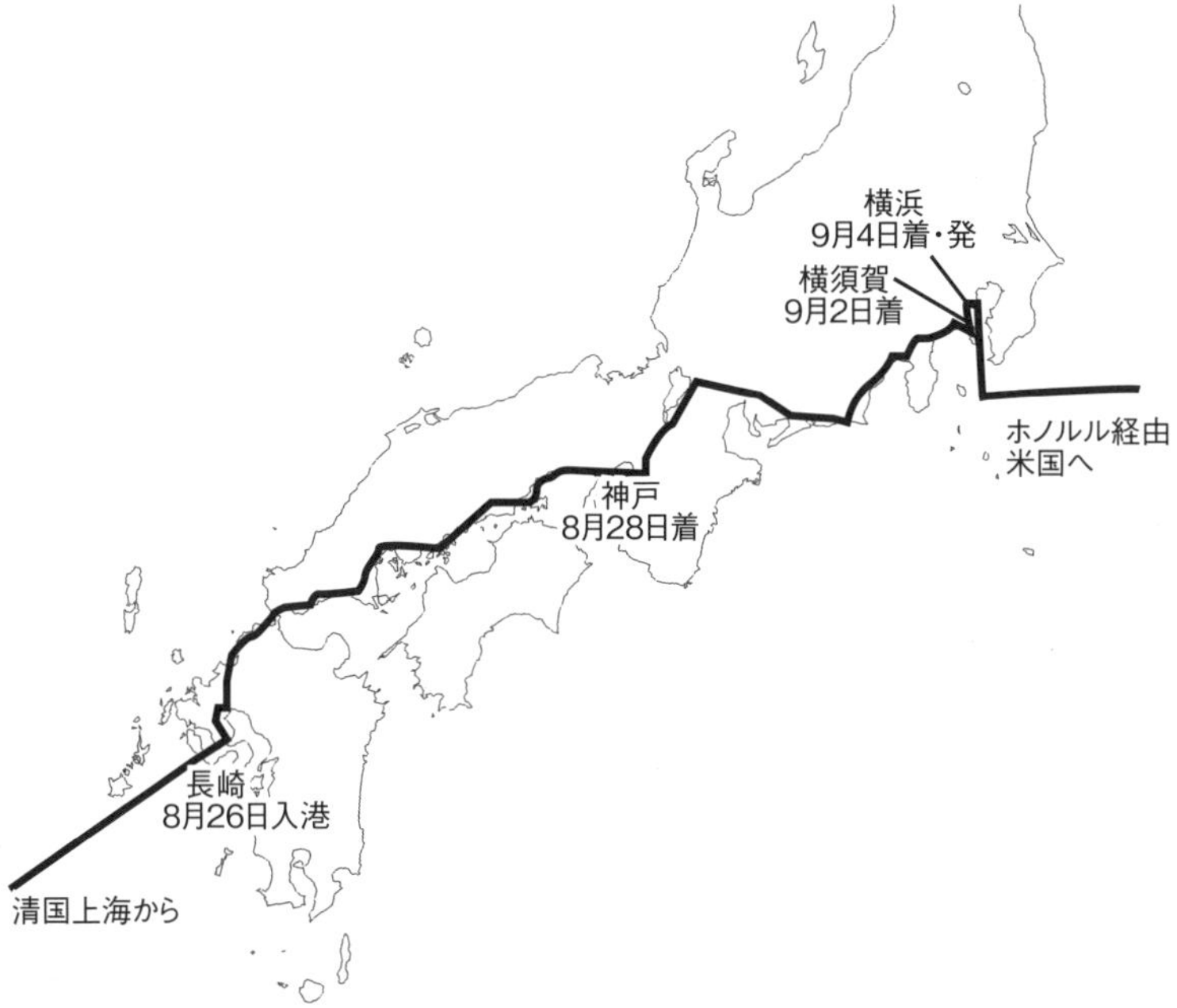

図６　清朝海軍視察団日本訪問往路経路図

図７　占勝閣
1904年撮影。西日本重工業株式会社長崎造船所庶務課『三菱長崎造船所史（続編）』（1951年）より。

図８　横浜埠頭における載洵ら一行
『東京朝日新聞』1910年９月５日より。

以上、八月二十六日長崎入港以来、九月四日横浜出港（図８）までの一〇日間、載洵ら視察団一行は特別列車に乗車して、長崎、門司、下関、神戸、大磯、鎌倉、横須賀、横浜の各地を訪れ、非公式訪問ながら精力的な視察を行い、多大な成果をあげた。

載洵らの往路訪日は非公式のものであったため、日本政府及び皇室は華美な歓迎儀礼は行わなかったが、実際には政府・軍内部で周到な準備を行い、至れり尽くせりの接待を行い、視察団側に良い印象を残そうとした。このような日本側の姿勢は地方当局や民間においても同様であり、官民一体の歓迎ぶりを示した。

さらに、日本側は訪日旅程での視察団一行の警護も怠らなかった。周知のように、当時の中国では清朝打倒を唱える革命風潮が高まっており、在日の中国人留学生や滞在者中には革命運動に関わっているものも少なくなかった。また、同年一月には、載洵は欧州海軍視察の帰国途中、ハルビンで熊《ゆう》成《せい》基《き》による暗殺未遂にあっていた[25]。従って、日本側は清朝皇族への襲撃の可能性を考慮し、その訪問中、どこでも厳重な警備態勢を敷いた。これらの警備態勢でもって、載洵らは無事に第一次日本訪問を終えることができたのである。

三　訪米復路の日本視察（一九一〇年十月二十三日～十一月一日）

九月四日、横浜を出発した載洵ら清国海軍視察団は、その後二週間余り米国海軍の状況を視察した後、十月六日、サンフランシスコを離れ、「地洋丸」に乗船し日本に向かった。

復路の日本海軍視察の日程と活動は、表3－3のとおりである（訪問経路は図9を参照）。

表３－３　清朝海軍視察団の復路視察日程表

日　時	視察内容
10月23日	横浜入港、東京芝離宮宿泊、水交社（日本海軍親睦団体）本部訪問
10月24日	海軍省・軍令部見学（図10）。海軍大臣・海軍軍令部長より各種資料受贈。水路部訪問、諸測量機器視察、同部沿革説明書及び中国沿岸海図等受贈。商船学校訪問、薩鎮冰ら、清国留学生授業状況視察
10月25日	参内。天皇・皇后・桂首相・渡邊千秋宮内大臣・齋藤海軍大臣謁見。東宮御所・伏見宮等各公家・桂首相・斎藤海相等各大臣及び英仏大使等訪問
10月26日	海軍大学校・軍医学校・経理学校見学。海軍大学校学生図上戦術等観覧。陸軍士官学校訪問、清国留学生の歩兵教練・野砲兵教練等観覧。代々木野外演習地往訪、歩砲兵対抗野外練習観覧
10月27日	周自斉（載洵名代）、後藤新平逓信大臣・平田東助内務大臣・伊集院五郎軍令部長・東郷平八郎海軍大将訪問、満鉄主催歓迎会出席
10月28日	貴族院見学、浅草寺参観
10月29日	呉到着、水交支社宿泊
10月30日	呉海軍工廠訪問、戦艦「摂津」（建造中）観覧。造兵部訪問、大砲・弾丸・装甲鈑等製造工程見学。海軍兵学校巡視。「伊吹」乗船、戦闘操練・駆逐艦襲撃等観覧
10月31日	博多到着
11月1日	佐世保着。佐世保海軍工廠・船渠観覧。第一艦隊旗艦「薩摩」乗艦、戦闘操練等観覧。午後４時、載洵、薩鎮冰ら、清国軍艦「海圻」乗船、秦皇島に向け出港（随員の多数は商船で帰国）

出典：海軍接伴員「清国載洵殿下接伴日誌」1910年10月（『明治四十三年　公文備考　儀制八』巻11、⑩公文備考M 43-11）0005-0062頁及び「清国皇族載洵殿下廠内御観覧報告　附随員観覧報告」（『明治四十三年　公文備考　儀制六』巻9、⑩公文備考M 43-9）0114-0143頁より作成。

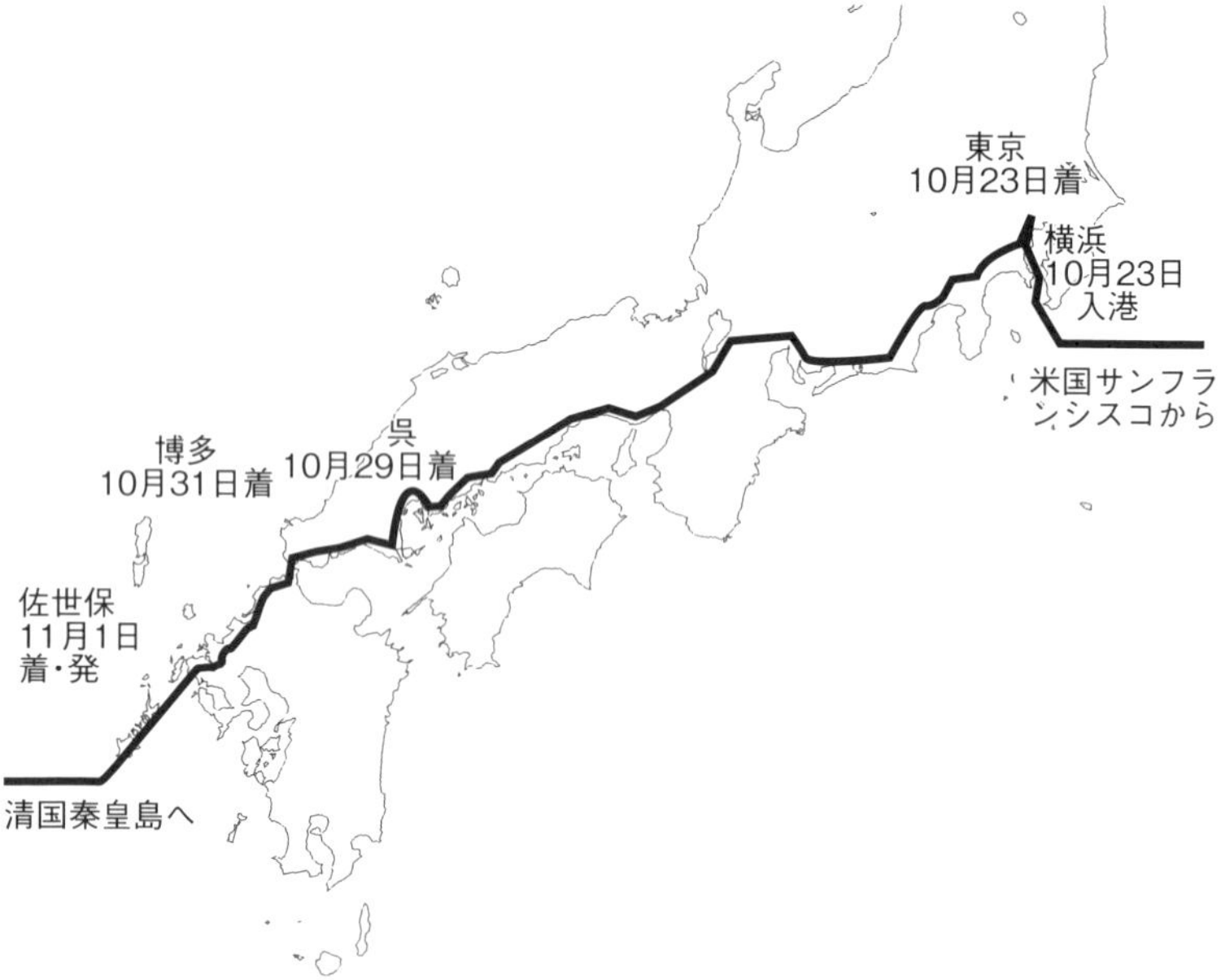

図９　清朝海軍視察団日本訪問復路経路図

図１０　籌辦海軍大臣海軍提督薩鎮冰
1910年10月24日、海軍省などを巡視する際（『東京朝日新聞』1910年10月25日より）。

今回の日本海軍視察は訪米往路に続く再度の訪問であったが、清国としての公式訪問であり、さらに団長の籌辦海軍大臣載洵（図11）は清朝皇族であったため、日本では往路以上の盛大な歓迎を受けた。載洵は日本皇室にとっての貴賓として遇されたのである。それは、特に横浜、新橋、呉、佐世保における送迎儀礼や東京滞在中の接待・対応の状況などに窺える。

図12　籌辦海軍大臣載洵ら横浜上陸の光景
『時事新報』1910年10月24日より。

図11　海軍大臣服を纏う載洵
『東京朝日新聞』1910年8月27日及び『時事新報』1910年10月23日より。

図13　1910年10月23日清国海軍視察団、新橋に到着の光景
『時事新報』1910年10月24日より。

二十三日横浜入港（図12）の際には、日本側は軍艦「筑波」「高千穂」「香取」の三隻を出動させ、港外での視察団乗船の随従及び港内での歓迎・護衛を行わせた。また、北防波堤上の見張り所には清国国旗を掲揚し、港務官・検疫官・巡査・接伴員一同及び清国公使がともに沖合まで赴き載洵ら視察団を迎えた。乗船「地洋丸」で行った載洵への伺候式には、接伴員のほか、瓜生外吉横須賀鎮守府司令長官、小泉鑅太郎横須賀予備艦隊司令官、幕僚、各艦長など多数が参加した。また横浜駅出発の際には、在港各艦は皇礼砲を行うなど盛大な奉送式を行った。(26)

清朝視察団の新橋駅到着時（図13）には、盛大な出迎えが行われた。伏見宮をはじめ、渡邊千秋宮相、戸田氏共《うじたか》式部長、大山巌元帥、石井菊次郎外務次官、亀井英三郎警視総監、阿部浩府知事、東郷平八郎大将、斎藤実海相、奥保鞏大将（参謀総長）、西寛二郎大将、伊集院五郎軍

図14　清国籌辦海軍大臣載洵入京の途中
『東京朝日新聞』1910年10月24日より。

図15　清朝籌辦海軍大臣海軍提督薩鎮冰
1910年10月23日載洵とともに入京する際（『時事新報』1910年10月23日より）。

令部長、後藤新平逓信相及び各部門の関係者あわせて五百余名がプラットホームに奉迎した。伏見宮の陪乗で載洵ら新橋駅から馬車で芝離宮に到着後（図14）、斎藤実海相、伊集院五郎軍令部長は載洵、薩鎮冰（図15）に拝謁し、陸海軍の現職将官、長官以上が奉迎し、現職の士官以上は芝離宮に伺候する、文官も同様とされた。

当日、海軍大臣主催の水交社晩餐会において、斎藤海相は、「今回殿下ノ親シク我海軍ヲ御視察遊バサレマスルコトハ誠ニ我海軍ノ栄誉トスル所」であり、その視察に関しては「能フ限リ御便宜ヲ図」るので「何ナリトモ御申聞ケヲ御願致シマス」と、鄭重な挨拶を行った。(27) 日本海軍側は、訪米往途での日本視察よりもさらに意を尽くし、その便宜を図り、清国側の好感を得ようとしていたのである。

二十五日午前、接伴員参列の下、東京で清朝視察団員に対する勲章授与式が行われた。勅使の徳大寺実則侯爵は載洵（図16）に勲一等旭日桐花大綬章を贈進し、長崎式部官は薩大臣に勲一等旭日大綬章を贈進したほか、周自斉以下護衛までそれぞれにも勲章を伝達した。このような厚遇は、欧米視察の際にはおよそあり得ないものであった。

図16　清朝籌辦海軍大臣載洵
1910年10月25日、日本視察の際、新橋芝離宮で記念撮影（国立国会図書館憲政資料室所蔵）。

視察団の呉・江田島訪問においても、軍及び地方官吏のほか数千名の小・中学校生徒をも動員し、軍艦の探照灯及び神社の灯籠、地元町民の球灯をも使い、熱烈なる奉迎の姿勢を示した[28]。また、一行が佐世保駅到着の際は、在港各艦船は満艦飾と皇礼砲を行い、その後、接伴員一同は視察団一行の帰国船「海圻」に至って載洵等に別れの挨拶をし、「海圻」、「新銘」出港の際には諸艦は皇礼砲をもってこれを見送った。

以上のような盛大な歓迎儀礼のほか、日本側はその背後では往路にも増して周到、万全の警護態勢をとっていた[29]。

おわりに

清朝視察団の帰国後間もない一九一〇年十二月四日、海軍部が成立し、正式な海軍の中央統括機関として海軍の再建と中央集権化が推進されることになった。これは海外海軍視察が直接もたらした最大の成果であるが、とりわけ、欧米視察にも増して、日本視察はそのもっとも重要な契機であったと考えられる。

清末の海軍再建は立憲改革の進展と並行して進められた。海軍の中央機構としては、一九〇七年に陸軍部内に海軍処が設置され、一九〇九年七月、最初の独立した海軍中央機構として籌辦海軍事務処が設立され、陸・海軍権を分離したが、これらはなお準備機関にすぎず、まだ正式の海軍統括機関とはいえないものだった。そこで、「国内視察により行うべき事柄を定め、ついで海外視察により見ならうべき材料を得る」[30]方針が明確化され、実行されるようになった。国内視察は現有海軍を再編し、艦隊を統一化し、発展させるためのものであり、海外視察は海軍先進国の成果と制度・規則などを中国に持ち帰り、応用するためのものだった。それらを踏まえて、一九〇六年以来懸案であった海軍部設置がようやく四年後に実現することになったのである。日清戦争まで存在した海軍衙門とは異なり、新設の海軍部は籌辦海軍事務処の組織を調整し、海軍大臣・副大臣の下に軍制司、軍政司、軍学司、軍枢司、軍儲司、軍法司、軍防司、軍医司の八司及び主計処を置き、各部門の業務を分掌させた。またこの時期に海軍将校の階級制（三等九級制）が確立された。

この改革は、明らかに当時の海軍先進国の組織・制度を取り入れたものである。よく知られているように、清朝最末期の改革（新政）は全体的に明治日本の近代化や立憲君主制をモデルとしていた。そして、海軍の再建と制度改革では、特に一九一〇年の日本海軍視察が大きな意味を持った。この視察では訪米往路は実務的視察、訪米復路は清朝皇族を長とする公式訪問であったが、視察団は終始、海軍視察という目的をおろそかにすることなく、日本海軍の中央機構（海軍省、軍令部）、水路部、教育機関（海軍兵学校、商船学校）、軍港設備、造船所、艦船及び装備その他をもれなく視察し、関連資料の収集に努め、日本政府や海軍関係者と交流を行っていた。

また、視察中に得た日本海軍の組織関連資料は、後に清国皇帝から日本への親電に「大ニ参考ノ模範トナレリ」(31)と評価されたように、海軍中央機構の建設に当たり大いに参考とされたことが明らかである。そして、清朝による日本海軍の視察と交流は、留学生の派遣拡大や艦船購入、ひいては両国海軍間の最良の関係をもたらしたと考えられる。

以上のような成果がもたらされたのには、日本政府の対清政策や歓迎態勢も大いに関わっているだろう。清朝の海軍視察団の来日に対し、日本政府は宮内省、海軍省から地方官憲までが一体となって多数の官民を動員し、盛大な歓迎と接待を行っており、それは通常の外交儀礼の域を超えるほどのものであった。また、清朝視察団の欧米訪問の際とは異なり、日本の社会も清朝の青年皇族の率いる視察団の来訪に親しみと歓迎の意を示していた。そして、視察団側も「多数ノ歓迎ト盛大ナル饗宴ニ與リ満足ニ存ス」と謝意を表したのだった(32)。

日本がこれほど清国海軍視察団を歓迎したことの国際的な背景には、当時（一九一〇年前後）の日本の不安定な国際関係、とくに満洲問題をめぐるアメリカとの対立、袁世凱らの連米制日戦略、米独の中国接近の動きなどを指摘できよう(33)。日本はこれらの懸念要因の中、日露戦争で得た満洲の利権と朝鮮での独占的地位を確保するために友好的で安定した東アジアの国際環境を必要としており、従って清朝中国との親善関係の構築に努めていた。そこで、日本側は、来日した清国皇族に最大限の敬意を示し、視察団に歓迎の姿勢を示し、日本に好感を持たせようとしたと考えられる。さらに、清朝海軍の動向に終始細心の注意を払い、その再建を最大限支援することにより、欧米列強の介入を防ぎ、中国海軍内に日本の勢力を扶植することを期待した、と考えられるのである。

註

（1）先行研究については、序章の註（1）参照。
（2）小村寿太郎外相発高平小五郎駐米大使宛「帝国ノ対米外交政策方針ニ関スル件」機密送第三六号、一九〇八年九月二十九日（外務省編纂『日本外交文書』第四十一巻第一冊〈一九〇八年〉、日本国際連合協会、一九六九年）七五—七六頁。
（3）小村外相発伊集院彦吉駐清国公使・駐欧米各大使等宛「日清間外交諸問題ニ関シ唐紹儀ト会談ニ付通報ノ件」（同右、第四十二巻第一冊〈一九〇九年〉）六九四—六九八頁。
（4）瀬川浅之進駐広東領事発小村外相宛「第三艦隊司令官ノ来広」一九〇九年七月二十九日（『明治四十二年　公文備考　雑件一』巻一一七、⑩公文備考M42—121、防衛省防衛研究所図書館所蔵）〇五四二—〇五四五頁。
（5）小村外相発内田康哉駐米大使等宛電報「外交ニ関スル外務大臣ノ議会演説要領通報ノ件」一九一〇年一月二十六日（前掲『日本外交文書』第四十三巻第一冊〈一九一〇年〉）四二八—四二九頁。
（6）藤原彰『日本軍事史』上巻（日本評論社、一九八七年）一四七頁。
（7）増田高頼駐清公使館附海軍武官発伊集院五郎軍令部長宛電報、一九〇九年二月十九日及び同二十日（前掲『明治四十二年公文備考　雑件一』巻一一七、⑩公文備考M42—121）〇四八九—〇四九〇頁。
（8）伊集院駐清公使発小村外相宛「清国海軍整頓ニ関スル件」機密第三一号電、一九〇九年三月七日、（同右）〇四九三—〇四九九頁。本電は同月二十四日に海軍側にも転送された。
（9）伊集院駐清公使発小村外相宛電報「清国海軍復興計画ニ関スル粛親王談話ノ件」一九〇九年三月十五日（前掲『明治四十二年　公文備考　雑件一』巻一一七、⑩公文備考M42—121）〇五〇九—〇五一六頁。
（10）同右。
（11）秋山真之より第三艦隊司令官寺垣猪三宛書翰、一九〇九年九月十日付（「坂本俊篤関係文書」国立国会図書館憲政資料室所蔵）二一一。

(12)『申報』一九〇九年七月二十八日。

(13)「海軍大臣到京紀事」（同右、一九〇九年十月一日）。

(14)「抄奏遵旨闢港巡閲事竣挙其重要大概情形摺由」（宣統元年八月廿一日〈一九〇九年九月十六日〉）中国第一歴史檔案館所蔵会議政務処檔案、五五四—四四四四。

(15)伊集院駐清公使発小村外相宛「籌辦海軍大臣洵貝勒及薩鎮冰ノ欧行ニ関スル件」一九〇九年十月一日、機密第一四三号（「清国籌辦海軍大臣載洵貝勒南清地方及海外視察関係雑件」外務省外交史料館所蔵、5.1.10.29）。

(16)同右。

(17)以上、前掲「清国籌辦海軍大臣載洵貝勒南清地方及海外視察関係雑件」による。

(18)「奏酌帯随員赴美日二国考察海軍由」（宣統二年六月十七日〈一九一〇年七月二十三日〉）中国第一歴史檔案館所蔵会議政務処檔案、七八六—七〇三五頁及び「籌辦海軍大臣載洵等奏考察海軍酌帯随員摺」（宣統二年六月十四日〈一九一〇年七月二十日〉）〔『清宣統朝中日交渉史料』（沈雲龍主編『近代中国史料叢刊』第六十二輯、台北、文海出版社、一九七一年）〕三〇一—三〇四頁。

(19)呉振麟駐日臨時代理公使発小村外相宛、受第一六七五六号、一九一〇年七月二十九日（前掲「清国籌辦海軍大臣載洵貝勒南清地方及海外視察関係雑件」）。

(20)前掲「奏酌帯随員赴美日二国考察海軍由」（「会議政務処檔案」）及び前掲「籌辦海軍大臣載洵等奏考察海軍酌帯随員摺」（宣統二年六月十四日）三〇一—三〇四頁。

(21)斎藤実海相発増田宛電信、官房第四八七号、一九〇九年二月十八日（前掲「清国籌辦海軍大臣載洵貝勒南清地方及海外視察関係雑件」）。

(22)海軍省より接伴員宛文書「清国載洵殿下接待次第」九月二十七日接受（『明治四十三年　公文備考　儀制八』巻十一、⑩公文備考M43—11、防衛省防衛研究所図書館所蔵）〇〇七三—〇〇七五頁。

(23)主要な接伴員は以下のとおり。長崎省吾式部官、藤井較一海軍中将（海軍軍令部次長）、青木宣純陸軍少将（駐清国公使館附）、森義太郎海軍大佐（同右）、吉田増次郎海軍中佐（海軍軍令部参謀）、鄭永邦（公使館二等書記官）、浅野長之式部官、増田高頼海軍中佐（海軍軍令部）、坂本則俊海軍中佐（海軍省軍務局）、堀田英夫海軍少佐（海軍軍令部参謀）、新井信也陸軍砲兵大尉（陸軍省軍務局軍事課）（前掲『明治四十三年　公文備考　儀制六』巻九、〇二六〇頁及び『時事新報』一九一〇年十月二十二日に基づく）。

（24）斎藤海軍大臣発在京各庁長宛「載洵殿下御滞京中儀禮ニ関スル件」官房第三六三九号、一九一〇年十月二十日（『明治四十三年　公文備考　儀制五』巻八、⑩公文備考M43―8、防衛省防衛研究所図書館所蔵）〇六九五―〇七〇一頁。

（25）熊成基は一九〇八年冬に徐錫麟が率いた安慶蜂起の参加者である（凌冰『愛新覚羅・載灃――清末監国摂政王――』（北京、文化芸術出版社、一九八八年）一三九頁）。

（26）海軍接伴員「清国載洵殿下接伴日誌」一九一〇年十月（前掲『明治四十三年　公文備考　儀制八』巻十一、⑩公文備考M43―11）〇〇二二―〇〇二四頁。

（27）同右、〇〇二五―〇〇二六頁。

（28）「洵貝勒御着」（『大阪朝日新聞』一九一〇年十月三十日等）。

（29）横浜、東京等各地の警備状況に関し、前掲「清国載洵殿下接伴日誌」〇〇二〇―〇〇二一頁、〇一三三―〇一三六頁等参照。

（30）『申報』一九〇九年九月一日。

（31）清国皇帝親電、駐日清国公使王大燮発小村外相宛、受第二五一一五六号、一九一〇年十一月九日（前掲「清国籌辦海軍大臣載洵貝勒南清地方及海外視察関係雑件」）。電文は、今回の日本視察中、多くの支援を得て造砲廠、煉鋼廠や商船学校など諸学校の見学ができたので、その成果を生かしたいと述べていた。

（32）載洵答辞、於佐世保鎮守府、一九一〇年十一月一日（前掲「清国載洵殿下接伴日誌」一九一〇年十月）〇〇五九頁。

（33）満洲をめぐる日米対立に関しては、馬場明「日露戦後における第一次西園寺内閣の対満政策と清国」（栗原健編『対満蒙政策史の一面』原書房、一九六七年）、角田順『満洲問題と国防方針』（原書房、一九六七年）に詳しい。また、米独の中国接近の動きについては、ドイツ外交文書に基づくLuella J. Hall, "The Abortive German-American-Chinese Entente of 1917-8," *Journal of Modern History*, vol.1 No.2 (June 1929) があるほか、資料としては「米支同盟ニ就キ王統ノ談話」（『大正三～昭和十四対支関係綴』（八角史料）防衛省防衛研究所図書館蔵、①その他一七二）が興味深い。

第四章　海軍再建の進展と日本モデル導入の試み

はじめに

清末の地方有力官僚張之洞(1)は、日本の近代化を評価し、簡便な近代知識学習の方途として日本留学を鼓吹したことで有名である。(2)一八九八年には、清朝中央は体制危機に対応するために上からの諸改革を推進することとなったが、そこにおいて日本がモデルとされたこともすでに知られている。(3)海軍建設において、このような認識の変化が明確に反映されたものとしては、第三章で述べた一九一〇年の日本海軍への視察がその良き例である。この視察は清朝中央レベルの動きであったが、地方レベルにおいて日本海軍への着目の先駆者はやはり張之洞であった。張は義和団事件期の列国侵入と東南互保の経験から、長江地域の地盤を強化し、防衛を固めることを目的とし、日本の支援を得て湖北海軍の構築に努めたのである。

本章は、二〇世紀初頭における清朝中央及び地方当局の海軍再建方針と対日認識の変化、そして海軍における日本モデル導入の実態を明らかにし、従来、近代中国海軍の発展における日本の役割について再検討したいと考える。さらに、清末の海軍再建と日中関係にとどまらず、その成果が辛亥革命後の中華民国海軍にどう継承されたのか、あるいは継承されなかったのか、という問題についても関連して考察する。

以下、清末民国初期の中国海軍建設において日本モデルの果たした役割について、軍政機関という制度面、艦船購入というハード面、海軍人員の日本留学という人材養成面、及び中国の海軍学校への日本人教習派遣という四つの側面から分析し、論を展開したい。

第一節　海軍部の設立

籌辦海軍事務処は、海軍衙門に続く二番目の海軍中央機構であり、前述したように、正式の機構設立のための準備機構であった。従って、同処の設立当初から、海軍再建を担うべき正式の海軍中央機構の設立が待たれていたのである。

清末海軍の再建と海軍中央管理機構の創設に当たり、載洵・薩鎮冰両籌辦海軍大臣らによる先進海軍国の視察は重要な意味を持ったと思われる。載洵らは一九〇九年末から翌年にかけて英仏等欧州六ヶ国の海軍視察を行い、さらに一九一〇年八～十一月、日米両国の海軍視察に取り組んだ。清朝最末期の改革（新政）には、全体的に明治日本の近代化や立憲君主制の影響が指摘されるが、海軍の再建と制度改革についても、とくに日本海軍への視察訪問が大きな意味を持ったと考えられる。

日本視察において、載洵等一行はとくに日本海軍の組織や制度の調査を重視しており、日本海軍側に多くの関連資料の提供を求めた。その内容は、表4－1に見るように、単なる儀礼的な贈答品ではなく、日本海軍の中央機構の組織、制度、人員、水路部の機構、人員、測量要領、海図、商船学校及び海軍諸学校の組織、人員、教科書、留学生の状況、海軍工廠概要など、海軍発展に必要な情報を系統的に収集したものである。

その中には職員名簿や海図など軍中央が外国側に提供することが適当なのか疑わしい資料も少なくないが、日本海

表４－１　清国海軍視察団への日本側提供資料

献上者	献上品名（単位：冊・枚）
海軍大臣、海軍軍令部長	海軍省・海軍教育本部・海軍艦政本部職員名簿、海軍軍令部職員名簿、海軍高等武官名簿（甲、乙）(2)、海軍軍制概要 (2)、海軍諸例則二部 (6)、海軍旗章条例、同礼砲条例、海軍服制、海軍中佐金田秀太郎考案施條砲採用以来（五〇年間）、巨砲発達ノ史的概覧
水路部	水路部職員名簿、水路部現状一班《ママ》、水路部沿革、水路部組織、測量進行図、大日本帝国海岸既測及未測浬数一覧表、水路誌目録、海図索引第一・二・三・四 (4)、海図 (10)、支那海水路誌自第一巻至第七巻 (10)、支那海水路誌追補 (2)
商船学校	商船学校一覧、商船学校摘要、商船学校平面図、商船学校職員名簿、商船学校写真帖、清国留学生修学規程、清国留学生名簿、商船学校清国留学生教科書（附図）(3大冊)、清国留学生航海科卒業試験成績表
海軍大学校、同軍医学校、同経理学校	学校職員名簿 (3)、学校条例 (3)、学校教程 (3)
呉海軍工廠長	呉海軍工廠写真帖
海軍兵学校	写真帖、海軍兵学校教科書 (48)、海軍兵学校校員名簿 海軍兵学校沿革、例規梗概

出典：「載洵殿下献上品目録」（『明治四十三　公文備考　儀制八』巻一一、⑩公文備考 M43―11）0346-0358 頁により作成。
註：贈呈数１冊のものは冊数の記載を略す。

軍側は対清友好を重んじ、視察団側の求めに応じた。このため、載洵は東京水交社での晩餐会において、日本海軍の視察が「煩瑣ナルヲ憚ラズ一切ヲ示サル」(4)ことに厚い感謝の意を示した。

では、清朝側は自国の中央海軍機構設立に当たり、こうして収集した日本海軍の軍制関係資料をどう参照・利用したのか。以下、海軍部の創立・整備の過程を論じる中から検討していきたい。

籌辦海軍大臣載洵らは海外海軍視察終了後、憲政編査館王大臣と協議の上、海軍部の設置につき上奏し、一九一〇年十二月四日、以下のように裁可を得た。

上諭。（中略）この度、載洵らは

憲政編査館王大臣とともに「海軍部暫行官制大綱」案を作成し、付して上奏してきた。詳細に開き見たが、周到妥当であり、海軍を扱う部を設立し、より大きな責任を持たせるべきであり、現行の籌辦海軍処は海軍部に改め、海軍大臣一名、副大臣一名を置き、大臣等の細心な計画と力ある経営により朝廷の軍備整頓の至意に副うようにすべきである。海軍司令部の設置については当面、海軍部に兼務させるが、その他は上奏通り処理させることとする。以上。(5)

かくして、籌辦海軍事務処は正式に海軍部に改称し、載洵が海軍大臣に、譚学衡が海軍副大臣に任命された。載洵の就任は大方の予測どおりであった。(6)また、薩鎮冰が巡洋・長江艦隊統制に任じられて海軍統括の実務を司り、上海の高昌廟に統制処を置き、その下で程璧光が巡洋艦隊、沈寿堃《しんじゅこん》が長江艦隊を統率した。

「海軍部暫行官制大綱」に従い、海軍大臣・副大臣の下、海軍部には軍制司、軍政司、軍学司、軍枢司、軍儲司、軍法司、軍防司、軍医司及び主計処が置かれ、業務を分掌した。海軍部によれば、本「官制大綱」は、「前籌辦海軍事務処が上奏した官制大綱表に従い、また昨今海軍事情も踏まえ、さらに外国海軍軍令部規制を参考として、苦心して多方面から詳しく計画し」、作成したのだという。(7)ここで、「外国海軍軍令部」とは日本のそれを指すと思われるが、実際に清朝が設立した海軍統括機構は海軍部だけであり、日本海軍における軍政（海軍省）・軍令（軍令部）の二元的体制とは異なっている。清朝の海軍統括体制が日本を参考にしつつも異なるものになった理由について、籌辦海軍事務処による上奏は以下のように説明している。

日本の官制では陸軍省のほかに陸軍参謀本部、海軍省のほかに海軍軍令部が設けられており、両部門はともに国防・用兵事務を司り、ともに天皇に属し、互いに隷属しません。ただ、海軍軍令部を設置するのはドイツがほぼ同様であるほか、欧米各国においては例を見ません。わが国は現在なお海軍を創設したばかりで、準備すべき事柄が多くありますが、今後規模拡大が期待されます。すべて海軍軍令部の事項は追って専管機構を設置するか、それとも海軍部が暫時兼務し、経費節約、機構簡潔化を期するか、聖裁を仰ぎたく存じます。(8)

また、海事測量・地図作製業務に関し、従来は籌辦海軍事務処軍防司の下の偵測科に属したが、新たに日本の水路部のような機構を設けるべきかどうかが検討された。海軍部では、「外国では水路部は独立機関であるが、目下中国の海軍はなお規模拡大の最中であり、外国の独立の制度に倣って見栄を張る必要がないのはもちろんである。しかし、海事測量や製図などは海軍にとって確かに重要なことで、将来の拡大を図るためには基礎を立てなければならない」とし、現在のところは偵測科を軍学司に転属させ、従来の業務を所轄させるが、その後、測量器具、地図及び印刷機械等を整備し、規模が拡大すれば、状況に応じて、測量業務を管轄する独立の局・所を設立したいと考えていた。(9)このような議論を経て、清末の政治情勢の不安定と財政困難の状況下、海軍の中央統括機関としては海軍部のみが設けられた。設立後、海軍部は清朝倒壊に至るまで日本の海軍制度を参照しつつ、海軍再建の努力を積み重ねていった。

第二節　日本からの艦船購入

一　張之洞と艦船対日発注の開始

一九世紀後半、中国はイギリス、ドイツ、フランスを軍艦製造の先進国と見なし、もっぱらイギリス、ドイツから多数の艦船を購入していたが、日清戦争敗戦後は日本の近代海軍の発展と造船力にも注目するようになった。最初に日本に軍艦建造を発注したのは張之洞であった。前述のように、張は明治維新後急速に近代化を進めた日本を称賛し、日本に学ぶことを提唱しただけでなく、外交面でも日本との同盟論者であった(10)。

張之洞は、清仏戦争期（一八八四—一八八五年）、両広（広東・広西）総督として国防の第一線にあり、清朝水師の無力と沿岸防備体制の腐朽を痛感していた。同戦争敗北後、張は、財政的負担と艦船製造の所要時間等を考慮し、浅水砲艦の建造こそが沿岸防衛力の増強にもっとも有効であると判断し、直ちに広東の黄埔港に造船所を設け、香港華洋船廠の技術を利用し、自力で砲艦建造を試みた。一八八五年冬には四隻が続々と完成、進水し、「広元」「広亨」「広利」「広貞」と名づけられた(11)。

一〇年以上後の一九〇二年十月、張之洞は劉坤一の死去により湖広総督から両江総督に異動することとなり、長江防衛の任務を担う南洋海軍を管轄し、再び海軍と関わるようになった。当時の南洋艦隊は創立以来二十数年を経て、軍艦「寰泰《かんたい》」をはじめ総計一二隻の艦船を有するとはいえ、いずれも老朽化し、無きに等しいものであった。

そこで、張之洞は同艦隊の整理・拡充策を実行することとした。すなわち、機関の比較的良好な軍艦「寰泰」「鏡清」と運送艦「威靖」「登瀛洲」の四隻を留用するほか、他の艦船はすべて整理し、それによって俸給、食糧、燃料、修理等の艦船維持費年約二〇万両、一〇年間に二〇〇万両を浮かすことができると予定された。そして、「この資金で海外の有名造船所に長江用の新式浅水快船を数艘発注する。およそ廃船処分七艘でもって新船六、七艘が購入可能で、三年の期限内の完成と年ごとの支払額を明確に定め、別途巨額の資金調達をしなくてもよいものとする。こうすれば、二年半後には新式軍艦を得て長江巡視・防衛の役に立てることができる」という計画を立てたのである(12)。張之洞のこの計画は中央政府に財政的負担をかけない、智慮に富んだものであり、直ちに上奏とおり実行することが裁可された。

軍艦建造の発注に当たり、張之洞は対外関係や造船技術の発展を考慮したほか、国内の官営造船所にも配慮する必要があったため、長江防衛用の新式砲艦の発注先を海外四隻、国内（福建船政局）二隻と割り振ることとした。海外の建造先では、英・独・日各国に打診した結果、最終的に日本の神戸川崎造船所に発注することと決した。ここにも、張の対日評価が反映されているであろう。

こうして、一九〇三年一月七日から一ヶ月余りの交渉を経て、神戸川崎造船所副社長川崎芳太郎（図17）と張之洞間で以下のような条件で砲艦を建造する旨、妥結した。

（1）砲艦代金：一隻につき金二九万九三二五円、八年分割払い、年利八・五％

（2）船体設計：総長一八〇フィート、幅二八フィート、喫水七フィート、排水量五二五トン、速力一三海里、九

五〇馬力

だが、この契約の調印直前になって、籌防局を管轄する布政使李有棻《りゆうふん》が(13)、銀貨下落の市況において船価の金建てでの長期支払いは至って不利であるという理由で反対を表明した。李は、まず「一隻ハ川崎造船所一隻ハ福州造船廠ヲシテ試造セシメ而シテ其余ハ成績ノ良好ナル造船所ニ注文スベシ」と主張し(14)、張之洞もこれに従い、川崎側に再交渉し、まず一隻を試製し、竣工後の成績如何によりほかの三隻を製造することとした。この結果、最初の船の建造費は三一万五〇〇〇円、二〇ヶ月内の四回分割払いと改められた。

一九〇三年三月下旬、張之洞に代わって魏光燾《ぎこうとう》が両江総督に着任したが、魏も本件を引き継ぎ、六月十一日には、南京において両江総督側と神戸川崎造船所側（特派委員四本万二）の間で正式に造船契約が調印された(15)。同契約に基づき、清朝最初の日本製軍艦「江元」が建造され、その後の日本への軍艦発注の道を開くこととなったのである。

一九〇五年七月、川崎造船所で砲艦「江元」が完成し、構造佳良と認定された。よって、同年十二月十三日、両江総督・神戸川崎造船所間で引き続き長江用浅水砲艦三隻を建造する契約が締結された。砲艦の仕様、船価、支払い方式、完工期限等はすべて第一隻目と同様とされた(16)。

また、日本に発注した砲艦の建造、引き渡しの準備のため、饒懐文《じょうかいぶん》を製造監督に任じて日本に派遣し、管輪［艦船管理］専攻出身の封燮臣《ふうしょうしん》、王孝慕《おうこうぼ》、李《り》承曾《しょうそう》、胡恩誥《こおんこう》、薩君謙《さつくんけん》の五名を随行させ、日本で

図17　川崎重工業株式会社副社長川崎芳太郎
川崎重工業株式会社社史編さん室『川崎重工業株式会社社史（本史）』(1959年）より。

新式機爐（機関）の製造を学ばせることとした。(17)

一九〇七年六～十月、神戸川崎造船所で砲艦「江亨《こうきょう》」「江利」「江貞」は予定どおり進水し、「江元」とともに南洋海軍に編入された。

日本での最初の中国砲艦の建造発注の成功は、さらに中国海軍と日本との関係を密接ならしめるものであった。日本側は、中国における経済的・軍事的利害に対する関心から、湖広総督に再任した清朝の実力者張之洞の海軍建設の動きに注意を払い、一九〇四年、張が長江用小型砲艦築造の予定があるとの情報を得ると、艦船の図案や写真を送り、日本に発注するべく勧誘に努めた。また、張之洞も砲艦の対日発注の発起人であり、両江総督任内の建造委託交渉の経験から神戸川崎造船所に信頼感を抱いた。張は日本側に、以前に神戸川崎造船所側から、「将来共同様ノ小砲艦ヲ添造スル場合ハ価格方ハ格外公平ニ取計ウ可シ」(18)との言質を得ており、これに則して速やかに商議を行いたいが、福建船政局や他の官僚から「意外ノ故障」を受けるのを避けるため、なるべく極秘にとり運びたいと協力を求めていた。張が日本側に守秘を求めたのは、今回は中央の戸部に頼らず自己資金により建造し、完全な湖広総督支配下の艦隊として建設しようとしていたからであった。必要資金については、主として商人の献金、塩税、そして借款などから調達したものとされた。

張之洞と神戸川崎造船所間の第二次艦船発注交渉は、順調に進捗し、一九〇四年十一月、武昌において長江用浅水砲艦六隻、二等水雷艇四隻の建造契約が締結された。建造されるべき艦艇は日本及び各国の同型式のものと同様であるべきものとされた。仕様は以下のとおり。

（1）浅水砲艦：長さ二〇〇フィート、幅二九・五フィート、喫水八フィート、排水量七四〇トン、一、三五〇馬力、速力一三海里

（2）二等水雷艇：長さ四〇法尺一〇〇、幅四法尺九四〇、喫水一法尺一一〇、排水量九六トン、一、二〇〇馬力、速力二三海里[19]

船価は砲艦四五万五〇〇〇円、水雷艇三〇万円（日本円）で、全一〇隻計三九三万円に上るが、期限どおりに支払われた。かくして、一九〇六年六月から一九〇七年十一月までの間に、「楚泰」「楚同」「楚有」「楚謙」「楚豫」「楚観」の砲艦六隻及び「湖鴨」「湖鶚」「湖隼」「湖燕」の二等水雷艇四隻は、続々と進水し[20]、翌年より日本人乗組員により回航され、湖北海軍を構成した。河川用艦隊とはいえ、艦艇の仕様、武装から教育、訓練まですべて日本式がとり入れられたものであり、中国海軍における日本モデル導入の最初のものと位置づけることができる。また、建造発注から実際の使用までわずか三、四年余りというのは当時の清朝では奇跡的な効率であり、張之洞の決断力と辣腕ぶりを反映するものである。だが、最精鋭の河川艦隊が一地方官僚の主導で建設され、その指揮下に置かれたことは、清朝中央の懸念を招かないわけはなく、やがて中央に接収再編されることとなるのである（第二章第三節参照）。

二　砲艦「永豊」「永翔」の建造

前述のとおり、清朝は全国海軍の再編・集権化を図ったが、艦船の規模は小さく、老朽化が目立ち、海軍先進諸国にははるかに及ばなかった。そのため、清朝は限りある財政を考慮しつつも、海軍再建の重要な政策として艦船の購入と艦隊の拡充に力を入れた。載洵、薩鎮冰らの海外海軍視察の際においても、各国に中小型艦船一二隻が発注され[21]、新たな海軍建設に強い努力が払われた。

日本からの艦船購入に関しては、載洵らの日本訪問の際、三菱長崎造船所と神戸川崎造船所に九〇〇トン級の砲艦

「永豊」及び「永翔」製造を発注したことは注目に値する。両艦は、清末に発注されて民国時期に中国に引き渡された九隻の外国製艦船の中でも比較的大きく、また民国時期に大いに活躍したからである。また、それは三菱長崎造船所にとって最初の外国からの注文であった。『三菱長崎造船所史』は、「永豊」艦の築造についてこう記述している。

本艦は清国註文の砲艦にして、明治四十四年八月十五日起工四十五年六月五日進水八月二十六日公試運転を行ひ、十六節［ノット］六一七の好成績を得、十二月十四日砲熕公試を行ひ是亦好結果にて工事は殆ど四十五年度内に竣工したれども、支那革命騒ぎにて、同国の財政紊乱し代価支払不能のため引渡遅延したる……。(22)

辛亥革命後成立した中華民国政府は、清朝政府の締結した対外条約及び契約はすべて承認・継承したが、財政は極めて逼迫していた。このため、代金の支払いは困難であり、艦船の完成後もなかなか中国に引き渡されなかったのである。一九一二年六月、民国政府海軍部総長劉冠雄《りゅうかんゆう》は臨時大総統袁世凱にこう上呈した。

これらの艦船がすでに竣工したか、または竣工目前であるのに、わが国に引き渡されないとしますと、毎月の利息だけでなく、埠頭滞船費や管理費など種々の損失は計り知れません。また、現在、日本や西洋に留学して海軍を学び帰国したものや国内の海軍学校卒業者は大変多いのに、実際に乗船練習を行って将領の人材を養成できないとしましたら、到底海軍を発展させられません。さらに、わが国は八千里余りの海岸線を持ち、常に海賊が出没しますので、艦艇で巡航警備しなければ、商業、漁業、旅行に常に損失を及ぼすだけではなく、外国人がそれを口実に自国艦船を派遣して保護しようとし、わが国の主権喪失をもたらす恐れがあります。(23)

そして、劉海軍総長は、速やかに艦船を引き取り、海軍の訓練及び海上・河川の治安確保に努めるべきであると主張した。ただ、問題は未払い金の処理であった。この問題について、劉は政府（国務院）に対し、以下のように砲艦「永豊」と「永翔」の船価、滞納利息及び回航費を処理するように提案した。

日本の三菱造船所に注文した砲艦「永豊」の価額は日本円で六八万円で、これを五期で分納すると定めている。このうち、すでに支払った前三期分三四万円のほか、契約によれば本年［一九一二年］三月十六日に四回目の一三万六〇〇〇円、十一月十六日に五回目の二〇万四〇〇〇円、あわせて三四万円の支払いが未納となる。さらに、滞納による月五厘の利息は本年末で六、六六〇円に上るほか、中国までの運送費が八、一〇〇円で、合計一万四七六〇円の追加金が生じる。この部分は現金で払い、その他の三四万円は改めて契約を締結し、年利六厘半で来年十二月末までに支払うこととする。[24]

十二月十二日、国務院会議は劉海軍総長の提案を審議し、承認した。

同時に神戸川崎造船所に発注した砲艦「永翔」についても「永豊」と同様に処理することとなり、追加支払金は現金払いで計三万二〇円となった。こうして、一九一二年十二月三十日、財政総長周学熙《しゅうがくき》の保証の下、三菱長崎造船所の岩崎久彌及び神戸川崎造船所総辦松方幸次郎、海軍総長劉冠雄をそれぞれの代表として両砲艦建造費未払い金の支払延期契約が締結された。すなわち、「中華民国永豊砲艦船価欠款緩期合同」「中華民国永豊砲艦廻航合同」及び「中華民国永翔砲艦船価欠款緩期合同」「中華民国永翔砲艦廻航合同」の四つである。

これにより、一九一三年一月九日、砲艦「永豊」は長崎駐在中国領事徐善慶《じょぜんけい》の立ち会いの下、ようやく民国政府の特派監督官李国圻《りこくき》、鄭貞瀧《ていていりゅう》、黄顕宗《こうけんそう》に引き渡されることとなった。その後、同船は造船所側が上海まで回航することとなり、一月十一日、長崎を出港、十五日、無事呉淞口に到着し、同二十日に引渡しを完了した。同時に姉妹艦の「永翔」も回航・引渡しが行われた。両艦は中国到着後、直ちに北京政府の海軍第一艦隊に編入され、第三革命に当たって南方政府を支援するなど民国史の上で大きな役割を果たした。とくに砲艦「永豊」は孫文の革命運動に大きく関わり、孫文に因んで「中山艦」と改名され、「民国史上、波瀾万丈の経歴を送ることになった」のである。(25)

第三節　留日海軍学生の派遣

一　商船学校入学に至る経緯

清朝の海軍人材育成においては、当初はもっぱら英・仏に留学生を派遣してきたが、日清戦争後日本への評価が改められ、日本への留学生派遣が開始された(26)。

一八九九年初頭、清朝政府は海軍学生の留学に関して日本政府に商議を申し入れ、何ら取り決めのないまま、先に安慶瀾《あんけいらん》ほか五名を海軍兵学校入学を目的として派遣した(27)。海軍兵学校は日本海軍の士官養成学校として中国でも有名であったが、日本海軍は、「海軍兵学校ハ帝国海軍将校ト為スヘキ生徒ニ限リ教育スヘキ所タルハ勅令ニ依テ明ラカニ規定セラル、所ナルカ故ニ外国人ノ入校ニ関シテハ省議ヲ以テ之ヲ許可スヘキ限リニ無之候(28)」と、外国人の入学を固く拒んだ。

その後、前述のように一九〇四年十一月、張之洞が神戸川崎造船所に多数の艦艇建造を発注し、中国海軍建設に日本側の関与が深まるようになると、状況は変化し始めた。張之洞は日本で新たに製造した艦艇の機関士や運転員の育成のため、日本への海軍留学生派遣が必要であるとして日本側に受け入れを要望し続けた。これに対して日本側では外務、逓信、海軍三省間で協議が行われ、一九〇五年二月、海軍省は、清国学生を直ちに海軍兵学校等の海軍諸学校へ入学させることにはなお考慮を要するとしつつも、「逓信省所管の商船学校ニ於テ海軍ニ必要ナル一般教育ヲ実施シタル後本省所管相当練習所ニ於テ単ニ将校機関官等ニ必要ナル武科機関科等ヲ教育スル義ナレハ敢テ支障ナキ義ト認メ」(29)ると決定し、慎重ながらも留学生受け入れが決まった。

さらに、清朝留学生の受け入れ人数（定員七〇名）、入学資格（日本語に通じ、書き取りができ、尋常中学卒業程度の数学力を持つこと）、入試科目、修業年限等も取り決められた。

ただ、この第一回の海軍留学生派遣は、日中の政府間協議で条件等が取り決められたものであり、もっぱら管下の湖広地域（湖北・湖南両省）の海軍人材育成に充てようという張之洞の元来の思惑とは異なっていた。九月、張之洞は日本の漢口駐在領事に対し、「前記収容員数ハ……若シ支那全体ニ係ルモノトセハ何トカ融通ノ上更ニ多数収容ノ途ナキヤ関係官庁ニ交渉方」(30)依頼し、多くの湖広出身者を多数派遣すべく努力した。その結果、清朝中央の練兵処（一九〇三年設置の新式陸海軍管轄機関）による第一次の海軍留学生の日本派遣には、湖広出身者が約三分の一を占め、その他の地域では、烟台水師学堂が二二名、江南水師学堂が一二名等となった(31)。

一九〇六年四月二十七日、劉華式《りゅうかしき》、鄭礼慶《ていれいけい》、凌霄《りょうしょう》ら六五名の官費海軍留学生が東京に到着した。このほか五名が少し遅れて到着し、合計七〇名の留学生が派遣された。同年五月三十一日、彼らは商船学校航海科専攻として入学し、修学を始めた。

こうして、日清間多年の宿題であった海軍留学生の日本派遣が実現し、中国海軍学生の日本での教育・養成がようやくその緒につくこととなった。

以降、日本側もこれに並々ならぬ期待と関心を示し、十一月、商船学校では「清国留学生修業規定」を制定し、入学条件、学費、修学年限、学習内容などを詳しく定め、清国海軍学生のための特別の態勢を組んだ。[32] すなわち、入学条件は、①年齢一六〜二五歳、②体格強健で視力・聴力が完全であること、③所定の学力を有すること、の三項であり、学費は自弁、修学年限は予科、本科ともに二年だが、成績により延長または短縮できる。予科、本科のいずれとも入学後は同校航海科・機関科で教育を受けられるが、予科生に対しては基礎科目を中心としてさらに航海学・機関学を教育し、本科生に対しては航海運用・汽機（機関）運用に関わる専門知識の教育に重点を置く、というものである。また、商船学校の規律は厳格であり、校長、幹事、教官その他職員の命令訓誨に背くもの、品行不良もしくは怠惰にして成業のめどがないもの、臨時試験の成績しばしば不良もしくは学期、終業試験において落第三回に及ぶもの、傷痍疾病により修了のめどがないものなどは直ちに退校とすると規定された。

第一期の清朝派遣海軍留学生に続き、一九〇八年六月には第二期の留学生二五名が商船学校に派遣され、機関科を専攻することとなった。彼らはいずれも商船学校において厳格な海洋教育を受け、将来、中国の海軍軍人として活躍する基礎を築いたのである。

二　海軍術科学校へ

一九〇八年半ばには、清朝派遣第一期海軍留学生は商船学校での二年間の学習を修了したため、さらにより高度な海軍軍事教育・実地訓練を受けることが課題となった。

すでに、清朝海軍留学生受け入れ直後の一九〇六年十月、海軍省は、「将校科ニアリテハ砲術及水雷術練習所ニ於テ約一ヶ年間機関科ニアリテハ機関術練習所ニ於テ約五ヶ月間練習ノコトニ内定」[33] し、その内容・レベルについては商船学校における学習状況に鑑みて決定するとした。ただ、この時には、清国留学生をして航海練習に参加させることは考えられていなかった。

一九〇七年五月一日、清国陸軍部（籌辦海軍事務処成立前で、同事務所管）は日本側に、「わが国海軍学生が海軍所管の練習所卒業後、さらに日本の軍艦に乗って実習をするか、または海軍兵官《ママ》学校に入学して教育を受ければ、適当な人材を養成できます[34]」と、要望を伝えた。だが、日本側（海軍省）の回答は、「留学生ニシテ海軍砲術学校海軍水雷学校ニ於テ練習ノ儀ハ之ヲ許容スルモ之ヲ我軍艦ニ乗艦実習セシメ得ルヤ否ヤニ付テハ今直ニ決定スルヲ得サルニヨリ他日適当ノ時機ニ際会シ改メテ更ニ商議ニ応セントノ希望ナリ[35]」と、至って消極的であった。

もっとも、乗艦練習は一人前の海軍士官になるのに必須の修業の一環であり、清国側はなお諦めなかった。一九〇七年九月、商船学校在学中の清国留学生三二名（烟台水師学堂および江南水師学堂出身者）が、留学当初の意に満たないとして夏期休暇中に帰国、退学し、本国の練習船に乗り組むという事件が発生した。清国側は、この事件を機に、清朝海軍留学生の日本での乗艦実習実現を強く要望することとなった。すなわち、十一月十四日、清朝は、日本政府に留学生退学の理由を説明し、彼らの「将来ノ希望トハ将来日本軍艦ニ乗組修習セシムルコト是ナリ」とし、「残留学生ハ不日予科ヲ了ヘ将ニ本科ニ進マントスルヲ以テ此際協議ノ上右学生ニシテ乗艦シ得ルニハ如何ナル学力ヲ要スルヤ予メ決定セラレ度」いと要望した[36]。

だが、日本外務省は、彼ら清国海軍学生は、もともと同国政府の懇望により、自ら多大な不便を感じるにもかかわらず、両国の厚誼に鑑み引き受けたものであるとし、留学生の勝手な退学を非難し、清国側関係者の反省を求めた[37]。数日後、清国公使は弁明の書翰を送り、乗艦実習の予定が定まらないため、残った留学生も懐疑観望の状態にあるとし、将来、乗艦練習を許すよう懇請した[38]。ここに至って外務省は海軍省にこの問題を考慮するように提議することとなり、一九〇八年一月、海軍省は、清国学生が商船学校課程を修了し、さらに海軍砲術学校および海軍水雷学校において所定の科目を修業した場合は、将校科の者に限り、「若干期日間帝国軍艦ニ於テ実地練習セシムルコト」に異存ないと外務省に返答、[39]ようやく解決にこぎつけた。

これにより、清国派遣海軍留学生の日本での教育は、商船学校での一般教育、海軍術科学校での実地教育、そして乗艦練習の三段階となった。

一九〇九年、日中政府間の協定に基づき、[40]いよいよ清国留学生は商船学校卒業後、希望すればさらに海軍砲術学校または海軍工機学校に進学して水雷術、航海術などの教育と実地練習を受けられることとなった。

同年四月、海軍省は「清国留学生教育規程」を作成し、中国人留学生の学費、修行年限、学習内容や在校中の規則などを詳細に定めた。[41]それによれば、中国人学生は海軍砲術学校入学後、将校科専攻と機関科専攻に分かれ、いずれも附属寄宿舎に居住する。学費は砲術学校校長と中国公使館との協定により一ヶ月二五円とし、入学時に三ヶ月分を前納し、以後は月納し、学校側はこれにより学生の被服類購入費、補修・洗濯費、食糧費、書類・器具費、医療費、外宿・修学旅費、月手当金その他を支出することとされた。また、修業年限は二年とされ、将校科学生は砲術と水雷術をそれぞれ約六ヶ月学習し、水雷術に関しては海軍水雷学校に通学させる。一方、機関科学生は約六ヶ月間海軍工機学校に通学し、その間に海軍砲術学校で銃隊の一部を受講する。海軍砲術学校、同水雷学校、同工機学校の教育を修了すると修業証書が授与され、日本の海軍士官候補生に準じて軍艦に乗り、日本・中国・朝鮮沿岸を巡航して六ヶ月以内の海上実務練習を行う。海軍学校における教育や実地練習の修了後は、海軍省により直ちに中国政府側に引き渡されるとされた。

また、一九〇九年十月三十日には上記の教育規程は廃止され、代わりに「清国海軍学生取扱規程」が制定され、清国留学生は海軍省及び海軍教育本部の管理下に入り、日本海軍の生徒や海軍候補生に準じた待遇を受けることとされた(42)。これらの規定に基づき、同年十一月一日、謝剛哲《しゃごうてつ》、劉華式《りゅうかしき》ら八名が中国からの第一期生として海軍砲術学校に入学し、航海科を専攻とした。

後、前記の一九一〇年の載洵、薩鎮冰らの日本海軍視察においても、清国海軍留学生の状況調査と留学促進が図られた。九月三日、横須賀軍港及び海軍機関学校視察の際には、薩鎮冰が中国留学生寄宿舎を訪ね、整列して歓迎する留学生を激励し、また十月二十四日には五九名の中国人留学生が在籍していた商船学校を視察し、載洵、薩鎮冰が同校優等生羅致通《らちつう》、曾廣倫《そうこうりん》を接見したほか、同校の留学生関係資料を収集した(43)。さらに、載洵、薩鎮冰は日本視察中、学業優秀な他専攻の留学生二名を海軍将校要員に選定し、商船学校に入学させ、輪機（機関）を学ばせた(44)。

こうして見ると、清末に日本に送られた海軍留学生は一二四名（補欠者を含む）で(45)、このうち学習進度等の問題で退転学したものを除き、八九名が商船学校で学び、卒業した(46)。その後、さらに海軍砲術学校で学んだ中国人留学生は計八四名、辛亥革命参加等による退学者を除き、七八名が練習航海を含むすべての課程を終え卒業した(47)。以上の中国海軍留学生の氏名、出生地については表4－2のとおりで、このうち、海軍砲術学校での在学期間及び修学状況は、表4－3にまとめた。

中国留日海軍学生の中でも、とくに海軍砲術学校第一期生は優れた成績を修め、欧米への留学生に劣らないといわれた(48)。彼らは、一九一一年五月十三日、軍艦「津軽」での実務練習を終えて海軍での教育を修了し、同月十五日に得業証書を授与された。それから帰国までの間、彼らは海軍省の許可を得て、海軍教育本部、海軍艦政本部、水路部、港務部、海兵団を見学し(49)、日本海軍の組織体制について理解を深めた。

なお、機関科学生二五名は海軍砲術学校在学中、辛亥革命の勃発により帰国し、未卒業となっていた。一九一三年

表４－２　海軍砲術学校４期留日海軍学生名簿

留学時期（人数）	氏　名（出生地）
第１期生（8）	劉華式（湖南新化）、謝剛哲（四川華陽）、陳復（広東新会）、鄭礼慶（福建閩候）、蕭宝珩（広東香山）、金溥芬（広東番禺）、李景淵（広東潮州）、王統（浙江温州）
第２期生（23）	姜鴻瀾（湖北襄陽）、周光祖（福建長楽）、劉田甫（湖北沔陽）、楊徵祥（湖北宜昌）、姚葵常（湖北羅田）、沈鴻烈（湖北安陸）、凌霄（浙江崇徳）、方念祖（広東潮安）、哈漢儀（湖北漢陽）、李右文（湖南衡州）、姜鴻滋（湖北襄陽、姜鴻瀾兄）、楊啓祥（湖北宜昌、楊徵祥弟）、宋式善（湖南長沙）、呉兆蓮（浙江嘉興）、黄健元（湖北宜昌）、張楚材（湖北安陸）、童錫鵬（湖南長沙）、尹祚乾（湖南芷江）、卓金梧（広東香山）、陳華森（湖北荊門）、龍栄軒（広東連州）、蕭挙規（湖南湘郷）、黄顕仁
第３期生（33）	範騰霄（湖北利川）、王時澤（湖南長沙）、黄緒虞（広東潮州）、朱偉（江蘇江都）、厳昌泰（湖北興山）、李静（別名毓麟、湖南桂陽）、任重（湖北武昌）、羅致通（広東潮州）、陳辛（新）覚（安徽桐城）、胡晃（湖南寶慶）、曾廣欽（河南光山）、範熙中（申）（湖北漢陽）、戴修鑑（湖南常徳）、宋復九（湖南常徳）、呉鴻襄（山東萊州）、齋熙（直隷保定）、曾廣倫（広東香山）、馮鴻図（江蘇崇明）、李北海（広東広州）、呉嶙（浙江寧波）、楊宣誠（湖南長沙）、欧陽琳（江西撫州）、李剛（別名大倬、湖南桂陽）、郭家偉（湖南長沙）、朱華経（四川資州）、張沖（別名維新）、夏昌炎、李楨、劉励（誼）、王楫、黄裘、宋振、葉啓棻
第４期生（25）	張萬然（湖南長沙）、王道植（湖北宜昌）、呉建（浙江温州）、李文彬（広東興寧）、張振曦（湖南長沙）、呉湘（浙江金華）、李紹晟（浙江温州）、高鳳華（湖北武昌）、譚剛（広東開平）、何超南（広東潮州）、沈一奇（江蘇海門）、黄錫典（湖南永順）、易定侯（湖北徳安）、何道澐（福建福州）、李振華（湖南長沙）、潘尚衡（江蘇嘉定）、張仲寅（浙江紹興）、何豪（浙江温州）、*呉景英（四川嘉定）、*余際唐（四川栄昌）、*黄承羲（湖北漢陽）、*鄭仲濂（広東香山）、*陳雲（四川）、*陳澤寛（浙江湖州）、張漢傑

註：第４期生で＊印の者は中退した。

出典：海軍軍令部編纂『留日支那海軍武官ノ現状　大正十三年六月調　附留学概況』1924年7月及び『商船学校一覧』（東京、商船学校刊、1912年）285頁により作成。

表4－3　海軍砲術学校入学中国留学生概況　（単位：名）

期　別	入校者	砲校等在校期間	練習航海期間（乗り組み軍艦名）	練習航海終了者
第1期（航海科）	8	1909年11月1日始業 1910年11月1日卒業	1910年11月14日～1911年5月1日（「津軽」）	8
第2期（航海科）	23	1910年4月6日始業 1911年4月5日卒業	1911年4月15日～1911年7月17日（「厳島」） 1911年7月17日～1911年11月9日（「津軽」）	23
第3期（航海科）	33	1910年11月1日始業 1911年11月5日卒業	記録なし	28
第4期（機関科）	20	1913年11月17日始業 1914年3月30日卒業	1914年4月9日～1914年7月15日（「津軽」）	19

出典：海軍軍令部編纂『留日支那海軍武官ノ現状　大正十三年六月調　附留学概況』（1924年7月、東洋文庫所蔵）に基づき作成。

五月、北京海軍部は彼らを再び日本に派遣し、海軍機関術の学業を完成させたいと日本側に要望した。日本海軍側も、成立間もない中華民国海軍部との関係を深めるべく、「海軍ニ於テ受託教育方差支ナキ見込ミ」(50)とこれを受諾した。十一月七日、中華民国海軍部は軍務司長劉華式を監督として、第四期学生黄《こう》錫典《しゃくてん》ら二〇名（内一名遅着）を派遣し、海軍砲術学校に再入学させた。彼らは、一九一四年三月三十日、海軍砲術学校の課程を終えて正式に卒業し、四月六日から軍艦「津軽」に乗艦して航海訓練に入り、七月十五日、同訓練を終えて得業証書を授与された(51)。

海軍関係の留学生は、当時日本にいた多数の中国留学生の中では数的には僅かの比率にすぎなかったが、将来の中国海軍を担う人材の育成という点で重要な意味を持った。また、当時の清朝政府が海軍留学生の選抜と対日派遣、学習内容に関して積極的に日本側と協議し、取り組んだことも特筆できるだろう。そこでは、以下のような特徴を指摘できる。

第一に、日本への海軍留学生選抜では湖広地方から多数が選ばれたため、従来清朝海軍で独占的勢力であった福建派、広東派の地位を打破するのに役立った。例えば、海軍砲術学校第二期生全二三名のうち湖広出身が一六名に上り、福建・広東両省出身者をはるかに凌駕した。これは、湖広総督張之洞の政策をも反映したものであり、前述のように張之洞は戊戌変法時期から人材養成を重視し、海外留学、とりわけ簡便な日本への留学を鼓吹した(52)。また、張は湖北海軍の創建にも力を注ぎ、海軍軍人養成のために陸軍小学堂に海軍班を付設し(53)、日本から海軍将校を招聘し、教授に当たらせた。このような張之洞の政策が、湖北から日本への海軍留学生の急増をもたらしたのであろう。

第二に、日本に留学して海軍を学んだ者達のほとんどは、中華民国初期北京政府の海軍機構、海軍学校の高官や教員などとして活躍し、従来、英仏留学派を中心としていた中国海軍の指導層において、留日派による新たな勢力の出現を見た。例えば海軍砲術学校の第一期生の八名は、帰国後全員北京政府の海軍部に出仕することができ(54)、いずれも階級は海軍上校（大佐に相当）以上に上り、特に金溥芬《きんふふん》は中将、劉華式は少将にまで栄進していた。第二期生でも海軍部、参謀本部及び各地艦隊に勤めるのが大多数であり、多くは海軍上校か中校（中佐に相当）、一部が少校（少佐に相当）になっていた。また、第三期、第四期生のほとんども、海軍中校、少校または上尉（大尉に相当）の階級で、海軍学校や各地艦隊の中堅幹部になっていた。一九二〇年代、とくに張作霖の新設した東北海軍には沈鴻烈《しんこうれつ》らを中心に多数の日本留学出身者が勤めていた。

第四節　日本海軍教習の招聘

張之洞は近代諸科学に通じた人材養成のため、海外に留学生を派遣するだけでなく、外国から学者、技術者、軍人等を招聘し、各種学校で教授させることを提唱した。中国の学校に招かれて教授に当たった日本人は、「日本教習」と呼ばれた(55)。湖北では、一八九六年に吉山栄三郎が自強学堂の教習として招かれ、湖広総督張之洞の幕僚役も果たしたのを皮切りに、鉄道、武器工場、農業、学校など各領域にわたり約八〇名の日本人技師、教習が雇われた(56)。

海軍学堂に日本教習を招聘したのもこの政策の延長であった。とりわけ、一九〇六〜一九〇七年には、張之洞が神戸川崎造船所に注文した艦艇が続々と完成、引渡しの期を迎えたが、湖広側では乗組員の養成ができておらず、日本側に頼って回航させたというのは、一つの契機となったであろう。また、一九〇六年五月には、張之洞の働きかけにより、日本への最初の海軍留学生が派遣されたが、湖広出身者は約三分の一を占めたのみで、野心的な張の期待を満たさなかった。張は、この分では、「近キ将来ニ於テハ到底充用ノ人員養成ノ目途モ無之」と苦慮し、日本側に多数の学生派遣を依頼していた。これに対し、漢口訪問中の清国駐在内田康哉公使（一八六五―一九三六年。一九〇一年十一月―一九〇六年七月、駐華公使在任）と釜屋忠道海軍大佐は、張に、「必要ノ急需ニ応スル為メ毎艦艇ニ我海軍士官二三名準士官二三名宛ヲ傭聘シ一面ニハ壮丁ヲ募集シ実地ノ学習ヲ為サシムルノ尤モ方便ナルベキ(57)」と助言し、さらに総督幕下の文武官僚に南清警備艦隊を見学させ、親近感を持たせ、その説得に努めた。

日本側の湖北艦隊支援の動機は何だろうか。漢口駐在領事水野幸吉は、湖北海軍は長江の河川防衛用の小艦隊にすぎず、「湖北水師ノ実権ヲ我ニ収ムルモ帝国ノ享クベキ利益ハ結局中央支那ノ自強ト保全トニ止マル」[58]としつつも、清朝北洋・南洋艦隊に日本の海軍勢力を扶植する必要がある以上、将来的に湖北艦隊が北洋・南洋艦隊に統一される可能性があるとしても、その訓練は清国海軍全体を日本が訓練する先がけとなり得ると考えた。こうした認識に基づき、水野領事らが積極的に働きかけた結果、外務省、海軍省も中国側の「教習」招聘に応じることとなり、一九〇六年八月九日には、斎藤実海軍大臣が適当な条件を付して中国側の招聘に応じ、将校、準士官のほか、必要に応じて下士も招聘に応じるよう、下命した[59]。

さらに、一九〇七年一月、水野漢口領事は張之洞に「此際我海軍士官ヲ聘用セシムルハ」「湖北海軍現下ノ急務」だと強調し、また、「各艦艇毎ニ主要部員ハ我人員ヲ聘用シテ実地及ヒ学術上ノ教授ヲ為サシムルハ独リ湖北新式艦艇ヲ良好ニ維持スルノミナラス海軍人員ヲ養成スルノ最捷路タル可キ」[60]と勧説した。日本の勢力拡張を意図したことが極めて露骨な提案であり、張之洞は、これに対して慎重な構えをとり、各艦要部に外国武官を聘用することは各国の猜疑と一般の物議を招く原因にもなるとこれを拒み、新たに、日本海軍軍人を招聘し、「陸上ニ海軍学校ヲ組織シテ海軍学術ヲ教授セシメ且ツ随時艦艇ニ就イテ実地ノ教授ヲナサシメ」[61]るのはどうかと、提案した。だが、海軍学校の経費調達、日本教習の招聘方法と教育組織なども、張には難題であり、容易に招聘にまで至らなかった。

一九〇七年二月中旬、神戸川崎造船所で完成した砲艦三隻が神戸を出航し、漢口に到着し（第一期回航分）、湖広での海軍人材養成の必要性を浮き彫りにした。そして、十月十一日には、日本側は「海軍省ヨリ相羽少佐及ヒ機関大尉一名ヲ応聘セシムルコトニ決定シタ」[62]ことを中国側に通告した[63]。だが、その二ヶ月前に、張之洞は清朝により体仁閣《たいじんかく》大学士に任じられ、上京赴任せざるを得なくなった。清朝中枢は、あまりにも強固な湖広の地盤から張を引きはがし、中央集権化を進めようとしたのである。だが、後任総督趙爾巽《ちょうじせん》は、張之洞の諸政策を受け継ぐ方針であったため、高橋橘太郎漢口駐在領事は相羽恒三海軍少佐、吉川力機関大尉[64]の即刻来任は差し支えないと判断し、本国に催促を行った[65]。

同年十二月二十三日、ついに、高橋領事を紹介人とし、湖北教練処総辦斉耀珊《さいようさん》を主聘人《しゅへいにん》、相羽海軍少佐、吉川機関大尉を受聘人《じゅへいにん》とする招聘契約が締結された。同契約は、相羽、吉川をそれぞれ陸軍小学堂附属海軍駕駛（航海）学堂と海軍機関学堂の教習として雇用し、被雇用者は「督憲および教練処総辦の管轄を受ける」こと、教授時間は毎週二四時間、月俸は相羽は三五〇両、吉川は三〇〇両、招聘期限は二年間等と定め、さらに交通費、医療費、宿費、俸給外の報酬の支給や辞退職規則に関しても詳しく規定した[66]。

相羽は湖北在任中、座学のほか、実地教授において湖北艦隊に「日本海軍の技術と精神を与え而して軍紀の厳粛、操縦の巧妙を加えたから、僅か一年の訓育としては見るべきもの頗る多く、総督をして讃辞と感謝を吝まざらしめた」[67]という。また、一九〇八年五月には、神戸川崎造船所で竣工した水雷艇の回航を委嘱され、無事に漢口まで遡江させ、引き渡しを完了させた。一方、吉川も在任中、湖北艦隊の機関操縦及び水雷術を新式に訓練して面目を一新させ、任期中に機関少佐に昇進した。

しかし、既述のように（第二章第三節）、一九〇九年八月以来、全国海軍の統一化が進められており、湖北艦隊もすべて中央の籌辦海軍事務処の直轄となり、南京を根拠地として長江以南一帯の防備に当たることとなったため、湖北では所属軍艦が皆無となった。同年十一月、湖北海軍駕駛学堂及び海軍機関学堂は閉鎖されることとなり、相羽、吉川の両教習も契約満期とともに帰国することに決した。

以上のように、湖北で日本軍人が教習に招かれて海軍教育及び訓練を行った時期は短く、また地方的な動きに留まったが、それは清末数十年間の海軍建設の歴史において最初の試みであり(68)、従来、欧州列強のみをモデルとしていた中国海軍に初めて日本式の教育方法を導入したものであり、その後の民国時期の海軍軍人養成において、一つの手本となったということができるのである。

おわりに

日清戦争後の海軍建設の顕著な特徴の一つに、従来の西洋モデルに加えて日本モデルの導入をも試みたことがあげられる。清朝はその末期の短い期間ながら、日本の制度をモデルとした海軍の中央統括機構海軍部の設立や、日本からの艦船購入、海軍留学生の日本派遣、日本人海軍教習の雇いによる人材育成などの成果をあげた。中でも、地方有力官僚張之洞の果たした役割は見逃すことができない。張之洞は湖広地域を基盤に最初に日本に注目し、日本の造船、海軍教育、軍事技術を摂取しようと努め、独自に湖北艦隊を設立して長江の防衛を固めようと試みた。その後、湖北艦隊は清朝中央の集権化政策により全国海軍に併合されたが、張之洞の提唱によりもたらされた日本要因は中国海軍全体の中で受け継がれたのである。

清朝は間もなく滅んだため、日本モデルに基づく軍事改革が直接、清朝の防衛力及び権力強化に役立ったということはできないが、より長期的には、中華民国期に受け継がれる中国海軍の統括体制、軍事力、海軍人材の基礎を作り出したのであり、そのような意味で中国における近代国家の建設と国防強化に貢献したと評価できるであろう。

中華民国成立後、一九一二年三月三十日、北京に海軍部が設立されたが、その組織は清末の海軍部を継承したものであり、海軍総長・次長の下に参事処、総務庁、技正室と軍衡司、軍務司、軍械司、軍需司、軍学司、軍法司（一九一四年設置）の六司を置き、各部門の事務を分掌した。(69) また、同年三月、民国政府は上海に置かれた海軍総司令処を引き継ぎ、清朝の巡洋艦隊、長江艦隊を接収し、左・右両艦隊に改称した。同艦隊は後に、第一艦隊、第二艦隊に改称され、さらに清末に外国へ注文した九隻の艦船も加わり、その後十数年間において民国政府の主要海軍力となった。人材面でも、清末の海軍再建の成果は中華民国に継承された。例えば、日本海軍視察団メンバーの清朝海軍関係者は、いずれも民国政府の海軍部、海軍総司令部など各部門に勤め、なかでも薩鎮冰、林葆倫、徐振鵬《じょしんほう》は長く海軍総長や海軍部各司長といった中国海軍の指導的地位に任じ、清末の数十年間に蓄積した技術と経験を後の時代に伝えることとなった。このほか、劉華式、楊徴祥《ようちょうしょう》、楊啓祥《ようけいしょう》のような日本への海軍留学出身の者も、上記の諸機構や各艦隊の中堅として活躍したのである。

また、清末の海軍再建においては、日本海軍の視察や対日海軍留学生の派遣など、先進海軍国として日本の経験が参照されたことが明らかである。もちろん、日本モデルの導入といっても、自国の情勢を考究した上で適宜修正し、海軍再建に取り組んでいた。こうして、近代中国の海軍では従来英仏を主たるモデルとしていたところに日本モデルも導入され、長年欧州留学派を中核とした中国海軍指導層に留日派ないし親日派が参入することとなった。また、日本海軍側でも清末の海軍再建期から中国との交流が深まり、秋山真之や八角三郎らのように中国をよく理解し、中国海軍再建の支援を主張する支那通ないし親中派軍人も育った。日中双方において相手国を知悉する海軍軍人が生み出されたことは、清末期の日中関係において最良の時期をもたらす要因の一つであり、その後の日中関係史、海軍政策史においても重要な意味を持つことになったと考えられる。

註

（1）張之洞（一八三七—一九〇九年）、貴州省興義府生まれ（原籍直隷省南皮県）。一八六七年湖北学政、一八八一年山西省巡撫など

を経て、一八八四年両広総督に転じ、その後、一八八九年八月より一九〇七年まで、二度の中断をはさみつつも十数年間にわたり湖広総督に任じた。その間、一八九四年十一月～一八九六年一月、一九〇二年十～十二月は両江総督を務めた。一九〇七年七月、体仁閣大学士に任じられ、同八月湖北を離れて上京、一九〇九年九月没〔胡鈞編『清張文襄公之洞年譜』（台北、台湾商務印書館、一九七八年）による〕。

（2）「中東〔中国、日本〕情勢、風俗相近易仿行、事半功倍無過於此」。「勧学篇下」（『張文襄公全集』㈥、巻二〇三、台北、文海出版社、一九六三年）三七二六―三七二七頁。

（3）Douglas R. Reynolds, *China, 1898-1912 : The Xinzheng Revolution and Japan* (Cambridge, Mass.:Harvard University Press, 1993（中文改訂版：任達著、李仲賢訳『新政革命與日本――中国、1898―1912――』南京、江蘇人民出版社、一九九八年）.

（4）海軍接伴員「清国載洵殿下接伴日誌」明治四十三年十月（『明治四十三年　公文備考　儀制八』巻十一、⑩M43―11、防衛省防衛研究所図書館所蔵）〇〇二六頁。

（5）『光緒宣統両朝上諭檔』第三十五冊（南寧、広西師範大学出版社、一九九六年）四四二頁。

（6）「清国海軍二大臣」（『東京朝日新聞』一九一〇年十月二十三日）はこう記す。「殿下〔載洵〕は夙に聡明に渡らせられ宗室の俊英として……中央政界の重鎮たるは勿論なり……今や清国海軍は其創始時代に在るも遠からず堂々たる海軍部の組織を見るに至らば殿下は其大臣として海軍総管理の位置に就かるゝは勿論なりとす。」

（7）「海軍部会奏遵擬海軍部暫行官制折」（宣統三年三月二十四日〈一九一一年四月二十二日〉）（張侠他編『清末海軍史料』北京、海洋出版社、二〇〇一年）五二四頁。

（8）「籌辦海軍処奏擬定海軍部暫行官制大綱折」（同右）五二〇―五二二頁。

（9）「海軍部会奏遵擬海軍部暫行官制折」（宣統三年三月二十四日〈一九一一年四月二十二日〉）（同右）五二四―五二五頁。

（10）李国祁『張之洞的外交政策』（台北、中央研究院近代史研究所、同専刊〈27〉、一九七〇年）四一―五二頁、三四四―三四八頁及び郭廷以編著『近代中国史事日誌』下巻（台北、中華書局、一九八七年）一二一三頁。

（11）「試造浅水輪船工竣摺」（光緒十二年五月二十七日〈一八八六年六月二十八日〉）〔『張文襄公全集』㈠、奏議十七（台北、文海出版社、一九六三年）三七六―三七七頁〕。

（12）「裁停旧式兵船積存薪餉另造快船摺」（光緒二十八年十二月十三日〈一九〇三年一月十一日〉）〔『張文襄公全集』㈡、奏議五十八（台北、文海出版社、一九六三年）一〇三一―一〇三二頁〕。

（13）李有棻、原籍江西省萍郷。一八九五年一月陝西按察使、一八九八年五月陝西布政使などを経て、一九〇二年五月から一九〇三年六月、江寧布政使に任じた〔魏秀梅編『清季職官表附人物録』（下）（『中央研究院近代史研究所史料叢刊』（五）、一九七七年）による〕。

(14)　上海総領事小田切万寿之助より外務大臣小村寿太郎宛電信「両江総督川崎造船所間製艦交渉始末報告ノ件」機密第二三号、明治三十六年二月二十日（『各国ヨリ帝国ヘ艦船建造方依頼並ニ同引受計画関係雑件（清国ノ部一）』外務省外交史料館所蔵、5.1.8.30-1）。

(15)　上海駐在総領事小田切万寿之助より外務大臣小村寿太郎宛電信「両江総督、川崎造船所間ニ浅水砲艦契約調印済ノ件報告」機密第六八号、明治三十六年六月十二日〔同右（清国ノ部一）〕。

(16)　上海駐在総領事永瀧久吉より外務大臣桂太郎宛電信「浅喫水砲艦建造契約送付ノ件」機密第一五四号、明治三十八年十二月二十三日〔同右（清国ノ部二）〕。

(17)　中央研究院近代史研究所編『海防檔　丙　機器局』（台北、同所、一九五七年）三七八―三八五頁及び池仲祐『海軍大事記〈附：甲申、甲午戦事記〉（沈雲龍主編『近代中国史料叢刊』続編第十八輯、台北、文海出版社、一九七五年）二六頁。

(18)　漢口駐在領事官輔吉田美利より外務大臣小村寿太郎宛電信「張之洞カ川崎造船所ヲシテ小砲艦ヲ製造セシメントノ件」機密第三八号、明治三十七年八月二十四日（前掲『各国ヨリ帝国ヘ艦船建造方依頼並ニ同引受計画関係雑件（清国ノ部二）』）。

(19)　「訂定合同」一九〇四年十一月二日（同右）。なお、一法尺は三二・五cmに当たる。

(20)　『川崎造船所四十年史』（株式会社川崎造船所、一九三六年。復刻版：ゆまに書房、二〇〇三年）二九八頁。

(21)　林献炘「載洵薩鎮冰出国考察海軍」（『文史資料選輯』第二十三輯、北京、中国文史出版社、一九八六年）一八七―一九一頁。また、『中国新海軍』（南京、行政院新聞局、一九四七年）八頁も参照。このとき建造を発注した艦船名、建造国、排水量は以下のとおり。巡洋艦「肇和」「応瑞」（ともにイギリス、約三、〇〇〇トン）、巡洋艦「飛鴻」（アメリカ、約三、〇〇〇トン）、駆逐艦「龍湍」（オーストリア、二、〇〇〇トン）、砲艦「鯨波」（イタリア、一、〇〇〇トン）、砲艦「永豊」「永翔」（ともに日本、約九〇〇トン）、砲艦「江鯤」「江犀」（ともにドイツ、約四〇〇トン）、魚雷艇「同安」「建康」「豫章」（ともにドイツ、約七〇〇トン）。ただし、このうち民国初期に中国に引き渡されたのは九隻で、アメリカ、イタリア、オーストリアに発注した三隻は代金未払いのため転売された。

(22)　三菱造船株式会社長崎造船所職工課『三菱長崎造船所史』（三菱造船株式会社長崎造船所、一九二八年）二二頁。ただし、同書附録新造艦船表所載の日付には異同がある。

(23)　「海軍部請迅籌款接収前清在各国定製之各種軍艦有関文件」（中国第二歴史檔案館所蔵）一〇〇二―三一二。

(24)「国務院亥字第七一〇号」及び「国務院海字十九号」(同右)。
(25) 横山宏章『中国砲艦「中山艦」の生涯』(汲古書院、二〇〇二年)に詳しい。
(26) 汪向栄(竹内実監訳)『清国お雇い日本人』(朝日新聞社、一九九一年)六八頁。
(27) 日本駐在清国公使李盛鐸より外務大臣青木周蔵宛電信、受第八九〇八号、明治三十二年七月十四日(「在本邦支那留学生関係雑件(海軍学生之部)」第一巻、外務省外交史料館所蔵、3.10.5.3-3)。
(28) 海軍大臣山本権兵衛より外務大臣青木周蔵宛電信、受第八九二九号、明治三十二年七月十五日(同右)。
(29) 海軍大臣山本権兵衛より外務大臣小村寿太郎宛電信、官房第四五一号ノ四、明治三十八年二月十八日接受(同右)。
(30)「在本邦清国海軍留学生教育受託ノ顚末」明治四十三年二月二十四日(同右)。
(31) 包遵彭『清季海軍教育史』(台北、国防研究出版部、一九六九年)一一二—一一三頁及び海軍軍令部編纂『留日支那海軍武官ノ現状　大正十三年六月調　附留学概況』一九二四年七月(東洋文庫所蔵)を参考にした。
(32)「清国留学生修業規定」(一九〇六年十一月)(『明治四十二年　公文備考　学事二』巻十五、⑩公文備考M42—15、防衛省防衛研究所図書館所蔵)〇四五四頁。
(33) 海軍大臣斎藤実より外務大臣林董宛電信、明治三十九年十月二十四日、官房第一九三九号ノ二、受第一八六七五号(前掲「在本邦支那留学生関係雑件(海軍学生之部)」第一巻)。
(34) 公使楊枢より外務大臣林董宛電信、光緒三十三年三月十九日〈一九〇七年五月一日〉、第三四三号、明治四十年五月一日接受、受第六六二四号(同右)。
(35)「在本邦清国海軍留学生教育受託ノ顚末」明治四十三年二月二十四日(同右)。
(36) 同右。
(37) 逓信大臣山縣伊三郎より外務大臣林董宛電信、秘管第二八号、明治四十年十月二十二日(前掲「在本邦支那留学生関係雑件(海軍学生之部)」第一巻)。
(38) 清国公使李家駒より外務大臣林董宛電信、第二八号、光緒三十三年十一月十二日〈一九〇七年十二月十六日〉(同右)。
(39) 海軍大臣斎藤実より外務大臣林董宛電信「清国留学生乗艦練習ノ件」官房機密二一号ノ二、明治四十一年一月十七日(同右)。
(40) 斎藤実海相より桂太郎首相宛電信「帝国海軍ニ於ケル清国学生ノ教育ニ関スル件」官房第一二三八号、一九〇九年四月九日(『公文類聚』第三十三編、明治四十二年第十三巻所収、アジア歴史資料センター、Ref.A01200047900)。

(41)「清国留学生修学学費ニ関スル件」三月十日（『明治四十二年　公文備考　会計七』巻九十三、⑩公文備考M42―97、防衛省防衛研究所図書館所蔵）〇五二六―〇五二八頁、「帝国海軍ニ於ケル清国学生教育規程」四月九日（同右）〇四二八―〇四三四頁及び「清国学生修業ニ関スル件」六月三日（同右）〇四四九―〇四五〇頁。

(42) 斎藤実海相より桂太郎首相宛電信「清国海軍学生取扱規程ニ関スル件」官房第三六九四号、一九〇九年十月三十日（『公文類聚』第三十三編、明治四十二年第十三巻所収、アジア歴史資料センター、Ref.A01200004800）。

(43)「商船学校御視察」（『明治四十三年　公文備考　儀制六』巻九、⑩公文備考M43―9、防衛省防衛研究所図書館所蔵）〇二六六頁。

(44) 前掲『海軍大事記』二九頁。

(45)「在本邦清国海軍留学生教育受託ノ顛末」明治四十三年二月二十四日（前掲「在本邦支那留学生関係雑件（海軍学生之部）」第一巻）。

(46) 前掲『海軍大事記』二六―二八頁、海軍司令部同書編輯部編著『近代中国海軍』（北京、海潮出版社、一九九四年）五六二頁、商船学校『商船学校一覧』（同刊、一九一二年）二八三―二八五頁。なお、前掲『支那年鑑』二三〇頁によると、同時期に中国よりイギリス、アメリカに派遣した海軍留学生はそれぞれ約三五名と二〇名である。

(47) 海軍軍令部編纂『留日支那海軍武官ノ現状　大正十三年六月調　附留学概況』一九二四年七月（東洋文庫所蔵）。

(48)「本邦留学清国海軍学生ニ関スル覚書」（海軍省）明治四十三年十一月十五日（前掲『在本邦支那留学生関係雑件（海軍学生之部）』第一巻）。

(49) 海軍大臣斎藤実より外務大臣小村寿太郎宛「清国海軍学生海軍官衙見学ノ件」官房第五四四号ノ二、明治四十四年五月四日（同右）。

(50) 吉田軍令部参謀より出淵外務書記官宛書簡、大正二年五月十六日（同右）。

(51) 海軍次官鈴木貫太郎より外務次官松井慶四郎宛「支那海軍機関科学生ニ関スル件」官房第一九六五号ノ五、大正三年七月二十三日（同右）。

(52)「変通政治人材為先遵旨籌議摺」（光緒二十七年五月二十七日（一九〇一年七月十二日））（王樹枏編『張文襄公（之洞）全集』（奏議）（前掲『近代中国史料叢刊』第四十六輯、巻五十二、一九七〇年）一〇頁、二七頁及び同『勧学篇』（同右、第九輯、一九七〇年）九一頁。

(53) 蘇雲峰『中国現代化的区域研究　湖北省、1860―1916』（台北、中央研究院近代史研究所専刊（四十一）、一九八一年）二五七

—二六一頁。
(54) 臨時代理公使呉振麟より外務大臣小村寿太郎宛電信、受第一〇七二二号、宣統三年三月二十七日、明治四十四年四月二十五日接受（前掲「在本邦支那留学生関係雑件（海軍学生之部）」第一巻）。
(55) 日本人教習に関する日本側資料については、衞藤瀋吉・李廷江編著『近代在華日人顧問目録』（北京、中華書局、一九九四年）が詳細である。
(56) 黎仁凱他著『張之洞幕府』（北京、中国広播電視出版社、二〇〇四年）一五〇—一六二頁。
(57) 漢口駐在領事水野幸吉より外務大臣林董宛電信「湖北海軍訓練ニ関スル件」機密第一九号、明治三十九年五月三十一日（六月十三日接受）（「外国官庁ニ於テ本邦人雇入関係雑件　清国ノ部」第四巻、外務省外交史料館所蔵、3.8.4.16-2）。
(58) 同右。
(59) 外務大臣林董より漢口駐在領事水野幸吉宛電信「湖北海軍ニ我海軍士官等応聘ノ件」機密送第一四号、明治三十九年八月十五日発（前掲「外国官庁ニ於テ本邦人雇入関係雑件　清国ノ部」第四巻）。
(60) 漢口駐在領事水野幸吉より外務大臣林董宛電信「湖北海軍ニ関スル件」機密第四号、明治四十年一月二十三日、機密受第一六号、明治四十年一月二十三日（二月五日接受）（同右）。
(61) 同右。
(62) 相羽恒三（海軍中佐、一八七一—一九一八年）。旧盛岡藩士相羽恒の三男、一八八九年海軍兵学校入学、一八九四年日清戦争従軍、一九〇〇年義和団事変の際、警備のため華北へ。後、明石砲術長、呉水雷団分隊長などを経て日露戦争で駆逐艦「漣」艦長。一九〇八年一月海軍省出仕、清国応聘、一九一一年中佐に昇進（対支功労者伝記編纂会『対支回顧録』下（一九三五年）一二四二—一二四三頁）。
(63) 外務大臣林董より漢口駐在領事高橋橘太郎宛電信、第六九号、電送第二八四八号、一九〇七年十月十一日（前掲「外国官庁ニ於テ本邦人雇入関係雑件　清国ノ部」第四巻）。
(64) 吉川力（海軍機関中佐、一八七七—一九三二年）。旧仙台藩士吉川兵治の長男、一八九六年横須賀海軍機関学校入学、一九〇〇年海軍少機関士、「明石」に乗組み、義和団事変時の警備のため清国航行。日露戦争出征後、「出雲」分隊長、大湊敷設隊機関長を経て、一九〇七年十月海軍省出仕、翌年一月に清国応聘。帰国後、一九一三年呉鎮守府附に転じ、海軍機関中佐に任じた（前掲『対支回顧録』下、一二四三—一二四四頁）。
(65) 漢口駐在領事高橋より外務大臣林董宛電信、第一二九号、一九〇七年十月二十九日発、同三十日着（前掲「外国官庁ニ於

テ本邦人雇入関係雑件　清国ノ部」第四巻）。

(66) 漢口領事高橋より外務大臣林董宛電信「相羽少佐、吉川大尉合同写送附ノ件」送第四号、受第一三五〇号、明治四十一年一月九日（同右）。

(67) 前掲『対支回顧録』下、一二四二―一二四三頁。

(68)「清国傭聘本邦人名表」（一九〇九年九月）（「清韓国国状一斑」防衛省防衛研究所図書館所蔵、〇五八七―〇五八八頁）を参考にした。

(69) 劉伝標編纂『近代中国海軍職官表』（福州、福建人民出版社、二〇〇四年）七六―八九頁。

第五章　一九一〇、二〇年代中国海軍の困難と日米
――ベツレヘム契約をめぐって――

はじめに

辛亥革命から中華民国初期の中国海軍に関する先行研究は、辛亥革命の際の清朝海軍の「起義」、第二・第三革命参加、北洋軍閥（北京政府）と革命派（南方政府）の対立におけるその向背などに関する政治史的研究に限られ、かつその評価は革命か反革命かという見方にとらわれており、この時期の海軍建設自体に関わる諸問題を正面から取り扱うものは稀である。(1)民国初期、清末の海軍組織と艦船を引き継いだ中華民国政府はどのような姿勢で海軍を維持・建設しようとしたのか。それをめぐる内外の環境はどうであったのか。国際環境をふまえて民国初期の海軍の建設と挫折の実像を探究するためには、とりわけ日米両国との関係の検討が不可欠であろう。

このような観点に立って検討するに当たって、ベツレヘム契約（中米海軍借款契約）問題は好個の事例となり得る。ベツレヘム契約とは、一九一一年十月二十一日、清朝政府海軍部がアメリカのベツレヘム製鋼会社（The Bethlehem Steel Corporation）との間で締結した、海軍建設を目的とした巨額の借款契約である。清朝は間もなく滅亡したが、中華民国初期にもこの借款契約に基づきアメリカの援助の下、中国海軍を強化しようという試みは続き、民国政治の混乱と日米の競合関係を背景に、一九二〇年代初めに至るまで、複雑な国際的展開をもたらすこととなったのである。(2)

本章では、日・中・米の一次史料を利用し、まず中米海軍借款の成立とその展開の過程を整理し、ついで日本政府及び海軍の中米海軍協力への態度を検討し、日米両国の対中国政策がいかに中国の海軍建設に影響を与えたかを明らかにする。さらに第一次世界大戦前後の中国海軍・海港をめぐる国際関係について、いくつかの事例を取り上げて考察する。このように、本章は日中関係のみならず、さらにアメリカ極東政策をも加えた国際関係史的視点から、中国海軍の発展と停滞の過程とその歴史的・国際的要因を探究するものである。

第一節　中米海軍借款の成立

一　一九〇八年の米清海軍連携案

日露戦争後、満洲問題をめぐり権益保持・大陸進出をめざす日本と門戸開放・機会均等を掲げ資本進出を図るアメリカとは競合の側面が顕著となった。アメリカでは、一九〇七年に日本を仮想敵国とする「オレンジ計画」が策定され、翌年には国務省内に極東部が設立され、さらに艦隊の世界一周、極東寄港という動きがあり、日米関係は緊迫した(3)。

このような情勢下、一九〇八年前後からアメリカは中国への接近を始めた。セオドア・ローズヴェルト大統領（Theodore Roosevelt, 一九〇一―一九〇九年在任）は、日本の台頭を憂慮し、これに対抗するため米・中が同盟を締結して日本に対抗することを検討した。すなわち、日本制圧のためにはその海軍撃滅が不可欠だが、アメリカは対欧関係があり、全海軍力を太平洋に向ける訳にはいかないので、中国の艦隊建設を支援し、これに対抗することを構想したという。海軍高級副官の王統の談話によれば、アメリカは以下のように持ちかけてきたという。

米国ハ清国ノ為メニ艦隊建造ノ一切ヲ引受クヘク即チ所要ノ艦艇ハ米国ニ於テ建造シ其建造費ハ一時米国政府ニ於テ負担シ置キ清国ノ財政状態ニヨリ徐々ニ償還ヲ求ムヘク軍港ノ設備ハ米国ノ設計ニ依リ一時米国政府ノ経費ヲ以テスヘク海軍将校等ノ養成ハ全然何等ノ報酬ヲ受ケスシテ教官ヲ派遣シ各艦ニ配乗セシメ且学校生ノ留学ヲ引受クヘシト言ウニアリ(4)

当時、清朝の軍・政・外交の大権を掌握していた直隷総督・北洋大臣袁世凱はこの中・米の反日同盟案を承認し、奉天巡撫唐紹儀を訪米させ両国の提携を策した。だが、一九〇八年十一月三十日、訪米専使兼考察財政大臣に任じた唐紹儀のアメリカ到着より先に袁世凱が失脚し、また、清朝政府内部でも対米同盟構想支持で一致していたわけではなかったため、本件は中途で挫折した(5)。

一九〇九年三月、アメリカではタフト（William Howard Taft, 一九〇九―一九一三年在任）が大統領に就任した。タフトは積極的な「ドル外交」を展開したことで知られるが、元フィリピン総督で極東通であり、中国の発展を支援して日本に対抗することを期していた。王統によれば、タフトの大統領就任後、アメリカは再び同盟締結を慫慂してきたという(6)。

折しも、清朝要人の間ではなおアメリカの支援への期待が残っており、例えば親日派とされる粛親王善耆《ぜんき》にしても、同年三月、日本側に対し、中国海軍再建に当たってはその組織や人材養成など「万事米国ノ御世話ニナルヘキ」と述べているのである(7)。

一九一〇年秋の清朝海軍視察団の訪米は、以上のような数年来の中米提携の期待と模索を背景に行われ、極東国際政治史に大きな波紋を投げかけることとなったのである。

二　清朝海軍視察団のアメリカ訪問

一九一〇年八月から十一月にかけて、清朝は籌辦海軍大臣載洵、薩鎮冰をトップに同籌辦海軍事務処各司長らをそれに随行させ、日米海軍視察団を派遣した。載洵らは、ハワイを経て、九月十九日サンフランシスコに着き、アメリカ官民の歓待を受けて、十月六日まで二週間余りにわたってアメリカを公式訪問した。(8) 九月二十七日にはワシントンでノックス（P. C. Knox）国務長官、マイヤー（George Meyer）海軍長官、タフト大統領を訪ね会談したほか、大統領主催の歓迎晩餐会にも招かれた。(9)

載洵らの視察先は、各地の軍港、海軍工廠、海軍諸学校、主力艦船等のほか、特にベツレヘム等の製鋼所、ニューポート等の造船所視察が行われたことが注目される。それは、清朝視察団側がアメリカの海軍体制全般や主力艦のみならず艦船製造能力に持っていた関心を示すものである。

一方、アメリカ側では、ベツレヘム製鋼会社社長シュワブ（Charles M. Schwab）(10) が政府側と協力してその歓待に努めたことが特記される。彼は中国の海軍再建の動きにすでに着目しており、この視察団訪米は貴重な顧客獲得のチャンスであり、軍艦の発注を得られれば膨大な利益が得られるだろうと期待していた。アメリカ政府も、世界的な造船不振期に際し、軍艦建造の契約獲得は景気回復の刺激になると期待し、海軍省とともにシュワブの活発な活動を支援した。海軍省の軍需局（Bureau of Ordnance）は一九〇九年すでに中国軍艦建造への秘密技術の応用を許諾していた。(11) ノックス国務長官も一九一〇年四月、訪米した清朝陸軍責任者載濤（載洵の実弟）に対して、「喜んで中国の軍艦を製造する用意がある」旨述べていた。(12) 彼らはいずれも当時流布された、四億の人口を抱えて無限の消費能力を持つとされた

「中国市場の神話」[13]に影響されていたのであろう。

三　ベツレヘム契約の締結

実際、一九一〇年の載洵らのアメリカ訪問は、単なる視察だけでなく、アメリカからの借款による艦船製造という企画を持っており、そのことはアメリカの新聞によっても報道されていた。[14]だが、アメリカ側の期待にもかかわらず、実際には資金的制約などから、載洵らの訪米中には軍艦一隻を注文するにとどまった。また、清朝使節団訪米時の借款協議は内約にとどまり、正式の契約にまで至らなかったが、この時の了解がその後の中米海軍借款の発端となったということができる。

翌一九一一年三月、タフト大統領は在米の前外務部尚書梁敦彦《りょうとんげん》に対し、中国が自強を必要とするならば、アメリカは中国の海軍建設に関し、艦船製造と将校訓練を代わりに行おうと打診した。清朝首脳はこれを受けて、早速、軍機処に対し外務部、度支部及び海軍部と慎重に協議するよう命じ、討議の結果、総造船費を二五〇〇万両までとし、無抵当で年次返済の形で借り入れ、中国国内に砲廠及び船廠を建築するべきこと、中国が大砲の品型を規定すべきことなどの条件につき、内部で合意を得た。

ついで一九一一年九～十月（清暦八月）、ベツレヘム製鋼会社社長シュワブはタフト大統領の支持を得て訪中し、中国海軍建設に借款を行うべく積極的にアプローチした。彼の約一ヶ月にわたる中国での活動は功を奏し、十月二十一日（武昌蜂起発生から一一日目）、清朝政府（海軍部大臣載洵）とベツレヘム製鋼会社（シュワブ社長）間の契約を締結し、中国の軍艦及び装備の製造、造船所、兵器廠の建設、海軍人材の養成などを引き受けることを条件として、同社が中国に借款を与えることを定めた。契約文は以下のとおり(15)。

大清帝国政府（以下政府と称す）とベツレヘム製鋼会社（以下会社と称す）の契約

清朝政府は海軍の諸用途に充てるため二五〇〇万庫平両を支出し、このうち二〇〇万両以内の金額は政府の決定、指定する現存銃砲・弾薬工場の改善と新規建設に使用し、さらに二〇〇万両以内の金額を政府の決定、指定する現存造船所・兵器廠の改善と新規建設のため使用し、残額は中国で建設し得ない海軍艦船（これら艦船の性質、規模はおって政府が定める）、銃砲の建造に使うのを願い、以下のとおり約定する。

第一条　会社は前文記載の工場、兵器廠及び造船所を追加契約所定の条件に従い、建設、運営することを承諾する。

第二条　政府は前文記載の海軍艦船の建造を会社に注文することを承諾する。

第三条　会社は前文記載の艦船の建造を引き受け、これら艦船及び本契約に基づき求められる他の作業に対し、米国政府が同一または類似の艦船または作業に対して支払うのと同一の代価を請求することを承諾する。

第四条　会社は本契約に基づき政府のために行う建設や作業に関連し、必要なる費用を支出し、これに対する支払いとして清朝政府公債を受領することを承諾する。同公債は無担保、年利五分とし、額面価格の九七・五％で引き受けること、償却方法は追加契約により定めることを承諾する。

第五条　会社は、清朝政府が、艦船、艤装、武装、銃砲弾薬に関し米国政府の有するすべての図案設計及び特許、並びに米国海軍の特殊、秘密の情報、そして今後米国海軍の行う改良、変更及び更改を使用する権利を得るために、米国政府の承認を得るべきことを承諾する。

会社は中国海軍将校及び士官候補生が米国または中国軍艦において米国海軍将校による訓練を受けるよう努めること、さらに中国の学生及び将校を米国海軍学校及び海軍大学に入学する許可を得るべく努めること（それは可能であると信じる）を承諾する。米国軍艦内の将校、士官候補生、海軍学校及び海軍大学における学生、将校は、米国の将校、士官候補生、学生と同じ階級に置かれ、同様の待遇を受け、同様の訓練及び教育を受けるべきこととする。

第六条　会社は、米国海軍に関するすべての特殊知識を有する専門技術人員を清朝政府海軍部に提供すること、彼らは中国に派遣され、無償で政府に供されることを承諾する。

第七条　本契約は第一条、第四条記載の追加契約の締結、調印まで、効力を発しない。

第八条　本契約は英文で副本が作成され、政府及び会社は各一部を保管する。

第九条　宣統三年八月三十日、すなわち西暦紀元一九一一年十月二十一日、北京にて署名。

政府代表　（海軍部大臣署名）

会社代表　（C. M. Schwab 署名）

ただし、この中米海軍借款契約は一般的合意を表したものであり、具体的な建設、教育や融資実行に関するより詳細な取り決めが必要であった（第一、四、七条）。このため、双方は追加契約の締結が不可欠であると認め、引き続きその締結のための協議を予定していた。だが、その後の革命の進展と清朝政府の動揺により、同海軍部は追加契約の協議に取りかかる余裕はなく、ついで一九一二年一月、清朝政府の滅亡により、本契約は当面、履行される見込みはなくなってしまった。

だが、本契約はこれで立ち消えになったのではなく、中華民国期にも本契約に基づく米・中の海軍協力が模索され、またそれを警戒する日本が介入するなど、波紋をもたらすこととなった。

第二節　中華民国初期、ベツレヘム契約履行の試み

一九一三年五月、アメリカのウィルソン大統領（Thomas Woodrow Wilson, 一九一三―一九二一年在任）は就任後すぐ中華民国を承認し、対中国政策は共和党時代と変わらないと声明した。彼も、タフト大統領同様、アメリカの巨大な財力による海外進出を重視しており、中国の近代化を各分野から支援することによりアメリカの利益をもたらそうという方針をとった。そしてそれは、南満洲における絶対的な地位の確保を至上命題とする日本側との摩擦をもたらすものであり、日本では中国におけるアメリカの影響力の拡大は日本の既得権の縮小をもたらすとして警戒する見方が強かった。

こうした情勢の中、一九一三年秋、アメリカ側は中華民国政府に対し、ベツレヘム契約を履行するようにと提案した。同時期に、ベツレヘム製鋼会社は北京での補足取り決め締結のため上席副社長ジョンストン（Archibald Johnston）を派遣し、契約実行を求めて北京政府と交渉を開始した。中国側と関係良好なアメリカ公使館駐在のギリス（Irvin V. Gillis）武官（海軍少佐）もこの交渉のための働きかけを行った。アメリカ海軍長官ダニエルズ（Josephus Daniels）も大いに乗り気で、十二月一日、国務長官に対し、中国海軍建設援助のために海軍将校を派遣して教育面で支援させる用意があると表明した(16)。アメリカ側の働きかけを受けて、北京政府及び同海軍当局もベツレヘム契約がなお有効であることを認め、清朝崩壊の瀬戸際に締結された本契約は、こうして中華民国期に実現されそうな情勢となった。

だが、その後、中国における頻繁な政権交替と契約を支える諸要因の変化により、ベツレヘム契約を記載内容どおり実行するのは困難となっており、そのため同契約を踏まえつつ、新たな時代、異なる状況下において双方の権利と義務に適合し、利害関心を調整するような具体的な契約が必要とされた。

以下にあげる三つの借款契約は、ベツレヘム契約の概括的規定を踏まえ、実際に履行しようと試みた事例であり、詳細に検討する価値がある。

一　三都澳借款

三都澳は福建省東北の港湾であり、地形の条件が軍港の立地にふさわしいと期待されていた。

一九一三年十二月末から翌年一月初めまで実地調査を行った後、ジョンストンは三都澳が軍港建設地として最適だと判断し、一九一一年の契約で定められた資金を同軍港防衛用銃砲及び軍艦建造に利用することを中国海軍部へ勧告した[17]。その後、彼は海軍部との間で、三都澳に港湾、造船所を築造し、同地を海軍根拠地として開発する計画の概要を作成した。

ジョンストンらの動きは、直ちに新聞報道や駐在日本人によって日本側に伝わり、重大な関心を惹起した。すなわち、日本外務省は、アメリカによる福建省沿岸での海軍根拠地建設は、①日本海軍の南方における適当な根拠地獲得を阻害するものであり、さらに②米・中の同盟、中国及び中国海軍におけるアメリカ勢力の膨脹、日本の勢力圏のアメリカ化をもたらす恐れがあり、日本の利益に深甚なる影響を及ぼすと見なした。よって外務省は出先に対し、極力借款の成立を防遏するように指示したのである[18]。

これを受けて、二月二十七日、山座円次郎駐華公使は袁世凱腹心の孫宝琦《そんほうき》外交総長・国務総理代理、梁士詒《りょうしい》財政次長に対し、アメリカ借款によって三都澳に軍港または造船所を設置するとの情報の真偽を質し、三月一日にはさらに書面による返答を求めた[19]。北京政府は日本の不快感を招くことを避けたく、また内部的に海軍部との調整ができず、知らないと称して糊塗しようとするのみであった。

一方、三月九日、ベツレヘム製鋼会社代表ジョンストンと中国海軍部（海軍総長劉冠雄）の間で秘密裏に借款契約が締結された[20]。契約内容の概略は――ベツレヘム製鋼会社は中国海軍船渠（福建省閩江下流の羅星島と設定）及び海岸防禦工事の建設借款を引き受け、その工事を担当する。借款総額は三千万ドル、そのうち一千万ドルは直ちに支払われ、残額二千万ドルはすべて船渠の建造に用いられる。利率は年五分、借款期限三五年（ただし、一〇年間据置）、手数料八分とし、担保は建造されるすべての物件とする。船渠などの建造にはただアメリカ人のみが当たり、アメリカの材料のみを使用する――というものであった。

この間、日本は中米海軍借款契約の動きを注視して情報収集を行い、中国に対してのみならず、アメリカに対しても強い警告を発した。

五月末、中国政府と同海軍の間では海軍根拠地及び船渠の建設地などに関して意見の調整がつかず、さらに日本が強い反対を示したことに鑑み、アメリカ側は、とくに福建省に造兵廠や海軍根拠地の新設・改良を行う約束があるとは承知せず、中国が日本政府にとって異議ある行動をとるとは考えていないと表明し、本契約を否認するに至った[21]。

中米海軍借款追加契約問題はこのようにうやむやの結末となったが、アメリカの中国海軍援助及び日本の対抗は、これで終わったわけではなかった。

二　潜水艇借款

第一次世界大戦での航空機と潜水艦の活躍はめざましく、中国の世論でも速やかな近代的航空機及び潜水艦建造、部隊編成の必要性が提起され、北京政府もこれに注目した。海軍総長劉冠雄は、袁世凱大総統から潜水艇の建造、部隊組織について検討するよう命令を受け、アメリカ側と協議した。彼は席上、中国の技術者をアメリカに派遣し、アメリカ海軍基地で潜水艇、飛行機の専門知識や操縦方法につき訓練した後、アメリカ借款により潜水艇製造をアメリカに注文し、さらにアメリカ政府が海軍専門家を来華させ、その訓練を行うことを求めた(22)。

ベツレヘム製鋼会社社長シュワブは対中海軍借款契約に引き続き、この計画にも積極的に参与しようとし、エレクトリック造船会社（The Electric Boat Company）にアメリカ借款による潜水艇建造を引き受けるよう働きかけ、さらに中国人留学生の訓練費用はアメリカ請負会社が負担し、中国側は学生の食事・宿泊・管理費のみ負担すると取り決めた。エレクトリック造船会社はホランド式(23)潜水艇の特許を有し、これまでもアメリカ及び各国政府の注文を得て潜水艦の建造を行ってきたが、平素から密接な関係を持つシュワブの働きかけに応じ、中国政府の注文を引き受けることになった(24)。

こうして一九一五年七月、北京政府は潜水艇部隊建設のため、造船総監魏瀚の引率の下、煙台海軍学校卒業生二三名を渡米させ、潜水艇建造の監督と操縦訓練を行わせた。彼らは渡米後、エレクトリック造船所に一〇ヶ月間滞在し、アメリカ海軍派遣の教官の指導の下、潜水艇の構造、装備や操縦、修理方法を学び、また関連工場の視察や潜水艇乗船研修をも行った(25)。日本側が同社関係者の話として情報を得たところでは、彼らは中国政府から、もし費用の工面ができればという条件付きで、一隻七五万ドルの潜水艇を一〇〇隻購入する権限を授けられていた(26)。

問題は資金調達ができるかどうかであった。必要な経費は学生たちの滞在費と潜水艇の建造費であり、前者は、袁世凱の許可を得た上で、清末に欧州に注文したものの中国への回航が難しい艦船の転売益金残額数万元により賄うこととされた。後者は総額七五〇〇万ドルに上るが、その二割五分を現金払いとし、残額は北京政府が債券を発行し、香港上海銀行を中心に多数のアメリカの銀行が参加するシンジケートが引き受けることで支弁するという計画が作られた(27)。

だが、間もなく袁世凱の帝政実施に伴う混乱により、北京政府による実習生経費出費は途絶え、政府債券も信頼を失って建造費のめどが立たず、結局、潜水艇借款計画は流産することとなった。

三　江南造船所借款

ベツレヘム契約履行に向けた動きとしては、さらに江南造船所借款がある。江南造船所は、一九〇五年四月、中国最大の造船・造機工廠である江南製造局から造船所が分離し、清朝海軍の管轄下に入ったものである。

アメリカは第一次世界大戦参戦後、太平洋における海軍拡張のため、中国沿岸に良好な根拠地を得ようと企図しており、パシフィック・メール汽船の副支配人ロセッター（John Rosseter）を前面に出し、江南造船所の船渠を修繕し、その自由使用権を得るべく、中国に派遣した。

一九一七年初め、ロセッターは北京へ赴き、米中提携の密約を締結するべく運動を試みた。北京政府は財政の窮状に鑑み、アメリカの借款獲得に意欲を示し、まず外交総長伍廷芳《ごていほう》が賛同し、ついで段祺瑞《だんきずい》総理、陳錦涛《ちんきんとう》財政総長、程璧光海軍総長も積極的な姿勢を示した。段はベツレヘム契約の履行を理由とし、ラインシュ（Paul S. Reinsch）アメリカ駐華公使に対し、適切な時期に早く同社から艦船を購入したい旨述べ、江南造船所借款交渉を進展させた。

同年三月、北京政府は江南製造局と江南造船所を担保に、アメリカに武器弾薬の製造を任せることを条件に、総額五〇〇万ドルのアメリカ借款を獲得する契約を結ぶことを決定した。(28) すなわち、アメリカ借款は、①額面の九割で貸し付け、②年利七分、③二五ヶ年返済、④江南造船所技師長にアメリカ人を任命、⑤同造船所の経営をアメリカ人の下に置き、期限内は毎年純利益の六割二分を雇傭アメリカ人に支給するというアメリカ側に有利な条件であった。だが、中国政府内部では契約内容に関してなお意見が分かれたため、ロセッターと劉冠雄は、本契約を九ヶ月の猶予期間を有する仮契約とした。

一方、日本側は「同借款が米支間旧来の懸案を復活させる態を装い、以てよそからの干渉異議を予防する底意があると察する」(29)と鋭く観察し、反対の意を固めていた。海軍大臣の外務省宛覚書は、「江南船渠ハ戦時我船舶多数ノ修繕方ヲ引受ケ居レル等関係浅カラサルモノアルノミナラス我戦時輸送力問題ト緊要ノ関係アル支那造船所カ或一国人ノ勢力ノ下ニ帰スルカ如キハ我国防上ヨリ見ルモ重大問題ナル」(30)、とその日本にとっての重要性を指摘した。これを含む様々な進言に基づき、外務省は直ちに対策を検討し、五月十五日、佐藤愛麿駐米大使に電訓し、アメリカ政府の注意を喚起させた。

江南造船所借款問題は明らかに単なる経済的問題ではなく、政治上・軍事上の勢力関係に関わるものであった。このため日本側は強硬な反対を持し、米・中に圧力をかけた結果、江南造船所借款の本契約はなかなか進捗しなかった。

あたかも、中国では日中軍事協定交渉の進行中でもあり、江南造船所に関連する対米特権付与は主権喪失として世論の非難を浴びた。(31) 段祺瑞総理は、駐日公使章宗祥からの「斯ノ如キ行為ハ大ニ日本政府ノ感情ヲ害スヘキコト必然ナルヘク一応熟考ヲ煩ハシタキ」[32]との進言を得て協議した結果、江南造船所借款を取り止めることを決めた。一九一八年六月五日、曹汝霖財政総長は日本公使に対し、江南造船所借款の件はもはやアメリカとの契約期限も満了となり、無効となったことを確認した[33]。こうして、一年余り続いた米中江南造船所借款契約問題は最終的に失敗に終わったのである。

以上述べた米中間の各借款交渉は、すべてベツレヘム契約を端緒とするもので、同契約実行のための様々な模索を反映していた。そしてそれらが挫折した背景には、中国政府の財政難、国内分裂、政府と海軍の不一致など国内的原因のほか、列強の対応、特に日本の強力な反対が決定的な要因としてあった。

さらに、一九一九年四月二十六日には、中国内戦の拡大を抑えるためとして、列強間で中国への武器輸出禁止が合意され、五月五日に「武器対支輸入禁止協定」が締結された（日本、イギリス、アメリカ、フランス、イタリア、ロシア、ベルギー、オランダ、スペイン、ポルトガル、デンマークが参加[34]）。これにより、中国で統一された政府が回復されるまで、国際的な対中国軍事援助は不可能となった。それはまたベツレヘム契約に基づく中国海軍援助問題に対しても、影響を及ぼすこととなる。

第三節　ベツレヘム契約履行延期協定

一　アメリカの覚書（一九二二年五月四日）

この間、中華民国の政治は十数年に渡る混乱期にあり、いわゆる軍閥混戦が展開する中、北京政府は深刻な財政難にあり、海軍の新たな建設どころか海軍将兵の給与も常に遅配・欠配の状況となり、艦船及び施設の維持は困難となった。かくして、民国海軍は「飢軍」と化し、財源を求めて南北をさまようこととなった。

このような状況下、北京政府では、海軍の分離を食い止め、中央政府の下で維持するため、外国借款を導入して軍費を調達すべく、再びベツレヘム契約を利用しようと図った。北京政府はすでに財政困難の中、外国借款への依存を強めており、一九一八年にはそれはピークに達していた。(35)

一九二一年七月、直隷系支配下の北京政府はアメリカに対し、一九一一年十月二十一日締結の中米海軍借款契約（ベツレヘム契約）を復活させたいと提案した。だが、ワシントン会議を控えていたアメリカ政府は、中国の提案に積極的に応じようとはしなかった。(36) さらに、ワシントン会議後の一九二二年四月二十八日、アメリカ駐華公使シャーマン（Jacob Schurman）は北京政府に対し、ベツレヘム契約の履行を拒否する旨通牒した。アメリカ側は、ベツレヘム製鋼会社の契約に基づく権利を有効と認めつつも、中国のような動乱の国が海軍を維持することは不必要だと考えたのである。たしかに、翌二十九日には第一次奉直戦争が勃発して中国海軍も参加するなど、中国の政局は混沌としており、外国が軍事援助をするのにはリスクが大きかった。

五月四日、アメリカ政府は英仏伊日四ヶ国の駐米代表に覚書を交付し、ベツレヘム契約に基づく中米海軍協力問題については、すでに同社から政府の決定に従う用意があるとの保証を得たとし、各国政府と、「同契約所定のような中国海軍発展の計画に関与することの適否について」率直に協議を行うべく希望すると述べた。そして、「もし、これら政府の見解が、中国に統一された政府が回復されるまで、諸外国政府及び国民が中国政府またはその行政機構、地方当局のための海軍艦船、兵工廠、ドックの建設あるいは海軍技術援助を行うべきではないというものであるならば、アメリカ政府は、ベツレヘム製鋼会社の一九一一年十月二十一日付契約に基づく権利を留保しつつも、中国におけるそのような政治的条件が実現されるまで、同企業またはアメリカ政府は同契約で規定された権利を利用するような何らの措置をもとらないことを保証する用意がある」と、対中国海軍援助差し止めの相互協定を提案した(37)。

アメリカは、当面の中国混乱状況の下では中米海軍借款に基づく中国海軍援助を行うのは適切でないと判断しつつも、自国の決定に当たり、英仏伊日四ヶ国政府も同様の保証を行うことを求めたのである。

二　五ヶ国合意の形成

アメリカの提案に対し、イタリア、イギリスはそれぞれ五月中に同意を表明した。

日本政府は、アメリカ側の提案を慎重に検討し、五月二十三日の閣議での討議を経て対米回答案を決し、二十九日、佐分利貞男駐米代理大使に電達し、さらにアメリカ駐日大使にも通告した(38)。それは、アメリカ政府の対中国海軍援助借款差し止めの主張に賛成しつつ、さらに強く外国の関与に反対の姿勢を表明し、援助抑制の範囲拡大をも提起するものであった。そして、日本政府は、①中国において統一的な政府が出現するまで、援助は畢竟一党一派に利用され、いっそう内争を助長するにすぎない、②海軍力の発展によってますます内乱・内争を助長し、国民の不幸をもたらしかねない、③ワシントン会議で締結の中国問題に関する九ヶ国条約及び各決議の趣旨・精神にも反する、との反対理由を付け加えた(39)。日本政府は中国において平和統一が実現しない間、外国政府または外国国民が軍用艦船、兵器廠、軍用船渠などを中国政府もしくはその行政各部、または地方官憲のために建設し、あるいは技術上の援助を与えるようなことを嫌った。また、アメリカ政府の中国海軍援助差止声明に関し、日本政府はさらに本件契約のみならず、中国官憲のために他の同種の一切の行動をも抑止すべきだと求めたのである。

五月三十一日、佐分利はヒューズ（Charles Evans Hughes）国務長官を訪ね、日本政府回答案を手交したが、その際、ヒューズはベツレヘム契約以外アメリカには何ら問題となるものはないが、原則的に日本側と同じ見解であると述べた(40)。さらに遅れて七月三日には、フランス政府も五月四日付けアメリカ覚書に同意の回答を発し、これで英仏伊日四ヶ国政府の対米回答が同意方針で一致した。

七月二十五日、アメリカ政府は、本件に関し関係国すべての承認を得られたので、中国に統一政府が回復するまでアメリカ政府及びベツレヘム製鋼会社はいずれも同契約より生じる権利を利用するような手段をとらないことを保証する、と他の四ヶ国に通告した(41)。この覚書は、ベツレヘム契約の履行延期を保証し、日米英仏伊五ヶ国間における対中海軍援助差し止めの合意を書面で確認したものである。

三　中国海軍援助差止協定

中国海軍援助差し止めに関する日米英仏伊五ヶ国合意の形成後、さらに一九一九年の「武器対支輸入禁止協定」参加国すべて及びドイツ、オーストリアも誘って、国際的な対中国海軍援助差止協定を締結しようという動きが展開した。すでに日本は、六月以後、中国海軍不援助問題を五ヶ国間の協定に止まらず、ワシントン会議参加国、さらにドイツ、スウェーデンなども含む全般的な国際協定にまで拡大すべきだと主張し、列強の中国海軍支援に名を借りた中国進出への抑制を確かなものにしようとしていた。

アメリカ政府は、十一月以降、関係諸国間の合意形成を目指して働きかけを行い、翌一九二三年一月十六日、国務省は以下のフォーミュラ案を作成し、アメリカ公使から北京駐在各国（ソ連を除く）代表宛に通知し、各国政府及び外交団会議での採択を求めることとした。その内容は、以下のとおりである。

（ロシアを除く北京に代表を有する各国名列記）代表は、中国に統一政府が回復されるまで、中国政府及びその行政機構、地方権力のための海軍艦艇、兵工廠、ドックの建設及び海軍技術援助に関し、上記諸国政府が行わないこと、また上記諸国民のそのような行動を支持または黙認しないことにつき同意する。(42)

この文案に各国とも異議を唱えず、一九二三年二月九日の北京外交団会議において、本フォーミュラは附議として提出され、通過することとなった。

四　中国海軍援助差止協定の批准成立

日本政府はこのような国際的な協定締結を主唱したものであったが、その成立直前になって、日本海軍内部から異議が出された。

海軍省は、政府側がアメリカ作成の中国海軍援助差止協定に同意したことを批判し、単にベツレヘム契約の履行延期だけでなく、これを正式に破棄させるべきだと強く要求した(43)。二月十日には、海軍次官井出謙治は外務省に正式の反対意見を渡し、国防上の影響及び安全等の角度から、外務側が海軍の主張を交渉に取り入れることを求めた。軍令部がまとめた同契約を破棄すべき理由は、以下五点にわたる。

①　将来附属契約が締結されればベツレヘム契約は効力を生じ、中国海軍を事実上アメリカの支配下に置き、米中海軍同盟を実現させ、日本の安全に重大な脅威を与え得る。

②　一九一五年の日中交渉（二十一ヶ条要求）の際に保留項目とされた対中国兵器供給などの第五項を、日本はワシントン会議中の一九二二年二月二日、保留を解除（放棄）したのにもかかわらず、これと類似の内容を含む米中間の契約がなお有効として存在するのは、国防上から見て極めて不利である。

③　米中間にこのような契約が存在し、その実行は将来締結予定の協定に委ねられるということは、中国に関する九ヶ国条約の精神に反する。アメリカ政府は自発的にこれを廃棄すべきであり、我が国としてもそうさせるべく最善の努力が必要である。

④　同契約に関する日中従来の行きがかりからしても、中国政府が同契約の効力を発生させる附属協定を結ぼうと

することは九ヶ国条約の精神と相容れない行為であるので、中国政府にもこれを破棄させるのが適当である。

⑤　ワシントン会議で締結の諸条約は、近く仏伊の批准を待って効力が発生するところであり、ベツレヘム製鋼会社と中国間の契約を完全に破棄させるべき措置をとる好機である。また、アメリカ政府が日英同盟終結に大いに努力した経過に鑑み、日本政府が米中海軍同盟の素地であるベツレヘム契約を破棄させるために努力をするのは当然である。(44)

このように、日本海軍は、ベツレヘム契約が履行延期となったとしても、ただ暫定的な小康を得たに過ぎず、同協定が存在する限り、それが実施され、アメリカが中国を軍事的に支配する可能性があると懸念し、絶対破棄させるべきであると強く主張したのであった。

だが、外務省としては、すでに自国の同意を含めて外交団会議を通過した国際的なフォーミュラの内容を覆すのは不適当であり、せいぜいその進捗の措置を積極的にとらないという対応をとるにとどめた。もっとも、小幡酉吉駐華公使が指摘したように、(45)新フォーミュラは五ヶ国合意より各国政府の自国私人の行為取締義務がやや緩和されており、むしろ日本にとって有利とも考えられた。(46)結局、日本政府は本フォーミュラ成立に向け働きかけることに決定し、アメリカ側に対し、率先してアメリカの取決案に同意する旨を伝えた。本フォーミュラの承認手続きは、外交団回章に承認の意見を記入する形で行われ、オランダ（同七月）、ベルギー（同八月）、ドイツ（同九月）、フランス、イタリア、日本（一九二五年七月八日）、アメリカ（九月五日）の順に関係国が次々と承認し、イギリスとその植民地政府（一九二五年九月）も加わった。最終的に、中国海軍援助差止協定は八ヶ国が参加し、この新フォーミュラをもって原協定案に代わるものとされた。(47)こうして、中国海軍援助差止の国際協定が成立し、辛亥革命時の締結以来、十数年にわたったベツレヘム契約の履行問題は、この条約の成立により無期延期となったのである。

おわりに

タフト政権期、アメリカの極東におけるビジネスの発展と海軍の仮想敵国日本への対抗という目的で生まれた中国政府とベツレヘム製鋼会社間の海軍借款契約は、二〇世紀初頭の十数年以上にもわたる外交と戦争、革命の激動の中を生き抜き、中国と国際社会との間の一つの重要な問題となった。

アメリカの中国海軍支援策は、一九〇八年の米清海軍連携案を起点とし、一九一〇年九～十月の清朝海軍視察団の訪米を契機に深まり、一九一一年十月二十三日、ついにベツレヘム契約の締結に至った。この間、アメリカ政府もアメリカビジネスと一体となって中国進出を支援し、中国市場で日本、イギリス等と対等、あるいはそれを凌駕する地位を獲得するように努めた。同契約を締結した清朝は間もなく崩壊したが、中華民国期にも同契約はなお有効とされ、北京海軍部は財政難の中、同契約を利用してアメリカ借款導入と海軍建設を図ったものの、日本の強い反対により失敗した。

その後、ワシントン会議により極東をめぐる国際協調、中国不干渉のシステムが成立したことは、中国海軍の発展に対するさらなる国際的制約を課すこととなった。すなわち、日・米・英・仏等列強は中国海軍への援助停止で一致し、一九二三年二月に中国海軍援助差止協定を締結した。

このような国際的制約は、北京政府期における中国海軍建設の停滞をさらに決定づけることとなった。

もともと、中華民国海軍は清朝の巡洋艦隊と長江艦隊を受け継いだほか、清末に外国に注文した艦船のうち九隻を完成後獲得した。その後、一九二八年までに一七隻の艦船が増えたがいずれも補助艦であり、戦力的にはなお清末海軍建設の成果に依存していた。

だが、北京政府期の政治的混乱と財政困窮の中、中国各軍とも将兵の給与支払いも不十分な状況であり、膨大な経費を要する艦船の維持は困難で、その整備や訓練は十分行われようもなく、戦力の低下は免れなかった。以上のような窮境からすると、中国海軍が外国からの借款・援助獲得に積極的であったのも当然であろう。だが、中国側が期待したアメリカは、ベツレヘム契約に基づく中国海軍援助差止を決定し、他の列強にも同様の措置を呼びかけ、一九二三年には国際的な中国海軍援助差止協定成立を主導することとなったのである。これにより「中国に統一された政府が回復されるまで」、ベツレヘム契約は無期延期とされ、国際的取り決めに基づき、日・米・英等関係諸国は一致して中国海軍援助を全面的に停止・抑制する体制が成立することとなった。

こうして、北京政府の財政破綻による軍費欠乏に加えて、外国からの援助の途も絶え、中国海軍はますます困難な状況に陥った。

もちろん、中華民国前期（一九一二―一九二八年）、中国海軍の停滞をもたらしたのは国際的な制約だけではない。内政的要因は先にあげたとおりであり、このほか、造船業・製鋼業など関連産業の未発達なども中国海軍の発展を妨げた重要な要因であった。

結局、北伐が完成し、中国国民政府が統一政府として諸外国の承認を得た後、一九二九年四月二十六日、武器対支輸入禁止協定は廃棄され、これにより中国海軍援助差止協定も解除されることとなり(48)、ベツレヘム契約の履行制限も解かれることとなったのである。

註

（1）例えば、高暁星・時平『民国海軍的興衰』（北京、中国文史出版社、一九八九年）、胡立人・王振華主編『中国近代海軍』（大連、大連出版社、一九九〇年）、海軍司令部同書編輯部編著『近代中国海軍』（北京、海潮出版社、一九九四年）など。

（2）ベツレヘム契約についての先行研究には、以下の二篇がある。William A. Braisted, "China, the United States Navy, and the Bethlehem Steel Company, 1919-1929," *Business History Review*, vol.17, No.1 (Spring 1968)、陳存恭「従『貝里咸合同』到『禁助中国海軍協議（1911―1929）』」（『中央研究院近代史研究所集刊』第五期、一九七六年六月）。前者はアメリカ企業史の観点からベツレヘム製鋼会社の極東進出を描き、同社及びアメリカ政財界の動向にも言及するが、中国、日本側の分析は行われていない。後者は、英・米の公文書を利用し、列強の対華武器禁輸政策の展開という観点から本契約の締結から終結に至る展開過程を詳論しているが、本問題の展開において重要な日本側の対応については二次史料に基づき若干言及するのみであり、また中国の海軍建設との関係について論じられていない。同論文は、陳存恭氏の『列強対中国的軍火禁運：民国八年～十八年』（台北、中央研究院近代史研究所、一九八三年）の関連研究として位置づけるべきものであろう。

（3）秦郁彦『太平洋国際関係史――日米および日露危機の系譜1900―1935――』（福村出版、一九七二年）、斎藤真「米国艦隊の世界周航とT・ローズヴェルト」（本間長世編『現代アメリカの出現』東京大学出版会、一九八八年）、馬場明『日露戦争後の日中関係』（原書房、一九九三年）第二章。

（4）「米支同盟ニ就キ王統ノ談話」（『大正三～昭和十四　対支関係綴』（八角史料）防衛省防衛研究所図書館所蔵、①その他一七一）。

（5）李晶「唐紹儀一九〇八年的日美之行」（珠海市政協・曁南大学歴史系編『唐紹儀研究論文集』広州、広東人民出版社、一九八九年）。

（6）前掲「米支同盟ニ就キ王統ノ談話」。

（7）伊集院彦吉駐華公使より小村寿太郎外相宛電報「清国海軍復興計画ニ関スル粛親王談話ノ件」一九〇九年三月十五日（『明治四十二年　公文備考　雑件一』巻一一七、⑩M42―121、防衛省防衛研究所図書館所蔵）〇五一五頁。本電は同月三十一日、海軍大臣にも転送された。

（8）海外視察の状況は、下記史料に詳しい。「清国籌辦海軍大臣載洵貝勒南清地方及海外視察関係雑件」明治四十二年八月～四

十四年十月（外務省外交史料館所蔵、5.1.10.29）、『明治四十三年　公文備考』巻十（⑩M43—10、防衛省防衛研究所図書館所蔵）。なお訪米視察については、以下の論文がある。崔志海「海軍大臣載洵訪美与中美海軍合作計劃」（『近代史研究』二〇〇六年第三期）。

（9）*New York Times*, Sep. 27, Sep. 30, 1910.

（10）チャールズ・シュワブ（Charles Michael Schwab 1862~1939）は米財界指導者で、一九〇四年ベツレヘム製鋼会社を創設し、同社を製鋼、鉄道、造船業に及ぶ世界有数の企業に成長させた。評伝に以下のものがある。Robert Hessen, *Steel Titan: The Life of Charles M. Schwab* (New York: Oxford University Press,1975).

（11）Braisted, *op. cit.*, p. 51.

（12）*New York Times*, April 30, 1910.

（13）Cf. Paul A. Varg, "The Myth of the China Market, 1890-1914," *American Historical Review*, vol. 73, No.3 (Feb.1968).

（14）*New York Times*, Sep.18, 1910.

（15）契約の英文正文は、下記収録。U.S. State Department File, 893.34/109, Records of the U. S. Department of States Relating to the Internal Affairs of China, 1910-1920, Microfilm, R. 122（以下、本マイクロフィルム所収国務省文書はUSSDと略す）。中訳は下記檔案所収。「載洵等与美国貝里咸鋼鉄公司議訂合同由」（『責任内閣来文』中国第一歴史檔案館所蔵）七四九八—一三／一四。

（16）Daniels to Secretary of State, Dec.1, 1913, 893.34/110, USSD.

（17）Braisted, *op.cit.*, p.56.

（18）「福州駐在海軍少佐秋元秀太郎より伊集院軍令部長宛報告」閲秘第一号、一九一四年三月二十九日（「各国ニ於ケル軍港及船渠関係雑件　支那之部」外務省外交史料館所蔵、5.1.7.22-1）。

（19）北京駐在山座公使より牧野伸顕外相宛電報、第一八〇号、一九一四年三月一日及び同機密第九四号、一九一四年三月五日（六日着）（同右）。

（20）加藤高明外相より小幡西吉駐華代理公使宛「一九一一年ノ海軍借款契約入手方ニ関スル件」機密送第一六八号、一九一四年六月十日（同右）。

（21）加藤外相より在英井上（機密送第四二号）・仏石井（機密送第三〇号）・独杉村（機密送第三一号）・墺西（代理）（機密送第二五号）・伊林（機密送第三〇号）・露山座大使（機密送第四二号）宛電報「支那海軍借款ニ関スル件」一九一四年六月八日（同右）。

(22) 韓仲英「留美学習飛機和潜艇憶述」（楊志本主編『中華民国海軍史料』北京、海洋出版社、一九八七年）九三五頁。
(23) アメリカ海軍最初の潜水艇建造者John P. Hollandの名前に基づく。
(24) 珍田捨巳駐米大使より大隈重信外相宛「支那政府ノ当国ニ於ケル潜水艇購入計画ニ関スル件」一九一五年八月二十九日、公第二四五号（「各国ニ於ケル艦船造修関係雑件」外務省外交史料館所蔵、5.1.8.7）。
(25) 前掲『中華民国海軍史料』九三六頁及び同右。
(26) *The Washington Post*, Aug. 28, 1915.
(27) 珍田駐米大使より大隈外相宛「支那政府ノ当国ニ於ケル潜水艇購入計画ニ関スル件」一九一五年八月二十九日、公第二四五号（前掲「各国ニ於ケル艦船造修関係雑件」）。
(28) 上海駐在武官松井石根より上原勇作参謀総長宛、秘電受第六五六七号、一九一七年六月十四日及び本野一郎外相より珍田駐英大使宛電報、第四七九号至急、一九一七年六月二十一日（前掲「各国ニ於ケル軍港及船渠関係雑件　支那之部」）。
(29) 駐華公使林権助より本野外相宛電報、第五五号、一九一七年四月十四日（同右）。
(30) 「覚書」一九一七年六月十九日海軍大臣加藤友三郎より大蔵大臣勝田主計に手交したものの写し（同右）。
(31) 笠原十九司「日中軍事協定反対運動——五四運動前夜における中国民族運動の展開——」（『中央大学人文科学研究所紀要』第二号、一九八三年）参照。
(32) 「北京駐在坂西利八郎より上原参謀総長宛電報」坂極秘電一五六号、一九一七年八月一日（前掲「各国ニ於ケル軍港及船渠関係雑件　支那之部」）。
(33) 林駐華公使より後藤新平外相宛電報、機密第一三三号、一九一八年六月六日（同右）。
(34) 「武器対支輸入禁止ニ関スル協定」一九一九年四月二十六日（外交時報社編『支那及び満洲関係　条約及公文集』外交時報社、一九三四年）一九六頁。なお、「ロシア」は海外残留の旧政府代表を指すようである。
(35) 徐義生編『中国近代外債史統計資料1853—1927』（北京、中華書局、一九六二年）一四八—一九七頁、二四〇—二四一頁。
(36) Braisted, *op. cit.*, pp.61-62.
(37) Hughes to Embassy at Tokyo, May 4, 1922, 892.23/169a, USSD. 日本側記録は下記所収。「支那海軍拡張不援助協定成立ノ経過概要」（「支那海軍拡張援助差止協定一件」（大正十一年五月）外務省外交史料館所蔵、5.1.1.31）。
(38) 「米国政府宛覚書案」（同右）。
(39) 同右。

(40) 佐分利貞男臨時代理大使から内田康哉外相へ電報、第三四六号、一九二二年六月二日（同右）。
(41) Aide Memoire, July 25,1922, 893. 34/1850, USSD.
(42) Division of Far Eastern Affairs to Secretary Hughes, Jan. 16, 1923, 893. 34/197, USSD.
(43) 海軍省軍務局小林躋造少佐と重光葵書記官との談話「会社ト支那政府トノ海軍契約ニ関スル件」一九二三年二月五日（前掲「支那海軍拡張援助差止協定一件」（大正十一年五月））。
(44) 一九二三年二月十日、官房機密第九八号の二「『ベスレヘム、スチール、コーポレーション』支那海軍援助契約ニ関スル件」（同右）。
(45) 小幡駐華公使より内田外相宛電報、一九二三年二月十一日、第一二二号「『ベツレヘム、スチール、コーポレーション』契約一件」（同右）。
(46) アメリカ政府はフォーミュラ作成の過程で、政府の責任を軽減する意図でそのように修正していた。Division of Far Eastern Affairs to Secretary Hughes, Jan. 16, 1923, 893. 34/197, USSD.
(47) 芳澤謙吉駐華公使より幣原喜重郎外相宛「海軍拡張不援助協定ニ関スル件」機密第五四四号、一九二五年九月二十六日（前掲「支那海軍拡張援助差止協定一件」（大正十一年五月））。
(48) 「支那海軍拡張不援助申合廃棄決議要旨」（一九二九年四月二十六日）にいう。「英、米、仏、伊、独、日、白、和各国政府代表ハ国民政府ノ原状ニ鑑ミ千九百二十三年一月二十五日覚書ヲ以テ米国公使ノ本外交団ニ提議シ次テ各国政府ノ承認セル支那ノ海軍ニ援助ヲ与フルコトヲ差控ヘントスル各国間了解ヲ廃棄スルコトヲ決議セリ」（前掲『支那及び満洲関係　条約及公文書』一九八頁）。

第六章　日本留学と東北海軍の発展

――満洲事変まで――

はじめに

外務省外交史料館所蔵文書によれば、清末、清朝政府が日本に派遣した海軍留学生は合計一三四名（四五名の退学者を含む）に上り、同時期に英・米に派遣した海軍留学生の数をはるかに上回っている。(1)彼ら留日学生は、遠洋航海練習を含むすべての学業を終えた者も在学中の者もみな辛亥革命前後に速やかに帰国し、中国国内の勤務に就いた。その後、一九二〇年代の張作霖政権下の東北地域において、沈鴻烈(2)を中心とする日本留学出身の海軍軍人が集結し、東北で最初の海軍――東北海軍(3)――を創設し、その各部門の重要な責任者として活躍した。だが、当時、中国の海軍建設にとって内外の環境は厳しいものであった。国内的には北洋軍閥各派の間で内戦が絶えず、北京政府の財政は極めて困難であり、また奉天派政権も十分な財力を持たない。一方、国際的には「武器対支輸入禁止協定」（一九一九年五月五日、日英米等一一ヶ国）と、「中国海軍援助差止協定」（一九二三年二月九日、日英米等八ヶ国）が締結されており、中国海軍の発展を阻害していた（第五章参照）。それにもかかわらず、一九二〇年代半ばに東北地域で新たな海軍が創立、建設できたのはなぜか、それはどのような軍事勢力であったか、海軍軍人中の留日派[4]、東北地方との関係はどのようなものであったか、また中国近代においてどのような役割を果したのか。本章はこれらの問題を検討することを課題とする。

東北海軍に対する従来の研究における評価は分極化している。一方では、東北海軍は北京政府期の軍閥割拠、混戦の中、張作霖が自らの勢力強化のために作った地方軍に過ぎず、近代中国海軍の発展に貢献したとはいえないという否定論があるが[5]、他方、それは一九二〇年代後期におけるもっとも実力のある中国海軍の一つであり、清末以来の海軍人事の地域主義を打破して組織されたものだという肯定論もある[6]。東北海軍の創設から発展、満洲事変後の衰退に至る過程を検討すると、そこでは留日派が重要な役割を果したこと、東北海軍の発展にとって日本との関係は不可欠であったことが見いだされる。だが、この重要なファクターは従来の研究では看過されてきた。

本章は、海軍建設に当たって枢要な人材、艦隊、根拠地の三要素の分析を通じて東北海軍の満洲事変までの発展過程を検討し、その新たな歴史的な位置づけを試みる。同時に、東北海軍の対日関係についても再検討し、近代中国海軍と日本の関係の歴史の知られざる側面を提示したい。

第一節　人材：東北における海軍留日派の結集

一　閩系海軍の排斥

清末、外国での学業を終えて帰国した海軍留学生に対して、海軍大臣などの上官による実技・学科の試験が行われ、その実力を確かめることが慣例となっていた。一九一一年七月、北京駐在の海軍武官森義太郎が海軍副大臣譚学衡に日本から帰国した海軍留学生への試験結果を尋ねたところ、「本年四月英国ヨリ帰来セシ留学生トノ比較ヲ問フニ術学ノ修養ハ日本留学生ノ方優等ナラン」と答えたという(7)。

しかし、実際には彼ら日本式海軍教育を受けた者は欧米留学の者ほど海軍で重用されなかった。例えば、一九〇九年に湖北陸軍特別学堂海軍航海科で日本海軍軍人による教育を終えた六〇名は、「採用ノ道ナキニ至(8)」った。そのため、日本政府は海軍砲術学校卒業の第一期清朝海軍留学生の帰国前に清朝政府側に働きかけ、彼らが全員、帰国後本国海軍のしかるべき職位に就けるよう促した。海軍大臣載洵もこの件を重視し、今後の海軍建設において日本留学出身の者が十分な役割を発揮できるよう期待していると表明した(9)。その後、清朝倒壊後、中華民国南京臨時政府では、あわせて二三名の日本留学出身者が海軍部の各部門に勤めていたが、主として課長・課員クラスであり、とくに高い地位の者はなかった(10)。

一九一二年四月、中華民国中央政府の移転に従い、海軍部も北京に移った。北京海軍部各部門の人事構成を見ると、留日出身者は行政・教育部門に勤めるものが多く、とくに海軍部の行政職、艦隊の参謀、海軍諸学校の教官などが多数を占めたが、軍艦及び基地における実際の軍務に携わる者は少数にとどまっていた（表6－1～6－3参照）。

以上の表によれば、一九一二年七月時点では五四％（四八名）の日本海軍留学生が海軍の各部門に就職していた。だが、そのうち軍艦の副長、砲術長など職名が記載され、艦隊実務に携わっていたことが史料的に確実な者は僅か一七名であり、全体の一九％に過ぎない。このような状況は翌一九一三年にも改善されるどころか、むしろ艦隊勤務者は半減しているのが目につく。下って一九二〇年代には、その状況はさらに悪化し、中央海軍の艦艇に勤めるものはただ一名だけとなった。このような結果をもたらした原因は、清末、近代海軍建設の最初の時期において、清朝政府が福建人を海軍建設の先駆とし、北洋、南洋、閩粤《びんえつ》（福建・広東）の三海軍を建設する政策がとられ、このため以後、中国海軍は閩《びん》（福建）系勢力の支配下となったことが指摘できる。閩系は民国初期にはさらに海軍中央を支配し、各地艦隊の運営を掌握するまでにその勢力を拡大させていた。また、閩《びん》系海軍将校の中では英米留学出身者が多かった。このため、非閩系の海軍軍人によれば、艦隊勤務者のほとんどは福建人であり、「日本留学出身者が軍艦で勤務するのは難しく、その多くは北京の海軍部で候補として待つしかなかった(11)」。日本海軍側も、「此閥〔閩系〕ハ支那海賊史以来ノ歴史的海軍ニシテ地方閥観念最強ク且近代ノ歴史ニ存亡去来セシ時ノ実権者ニ巧ニ附随シツ、地方閥ノ牙城ニ培ヒ来レリ(12)」と観察していた。このように、帰国後の日本海軍留学生は、西洋留学出身者が多い閩系に排斥される傾向にあった。また、民国初期の中央海軍部は、艦隊、人材など清末の海軍建設の遺産を受け継いで形成されており、新たに帰国した日本海軍留学生を十分重視していなかったということもできる。

表６－１　海軍日本留学生帰国後の就職状況（1912年7月）　（単位：名）

期別（人数）	行政部門	教育部門	艦隊実務	その他
第1期生（8）	4	2	0	2
第2期生（23）	6	7	4（4）	6
第3期生（33）	6	4	6（3）	17
第4期生（25）	0	2	7（6）	16

註：職業分類は、行政部門は海軍部勤務者、参謀、副官、顧問、教育部門は海陸各学校、艦隊や海兵団（練営）の教官、艦隊実務は艦船乗船勤務者（カッコ内はうち職名不明の者を示す）、またその他は海軍待命者、陸軍、造船所勤務者、転職者、調査不能者、留学中の者及び死亡者。表6－2、表6－3も同様。

出典：「清国革命乱特報第二号附属第一　日本留学生名簿」（1912年7月23日）（『在本邦支那留学生関係雑件（海軍学生之部）』第1巻、外務省外交史料館所蔵、3.10.5.3-3）に基づき、筆者作成。

表６－２　海軍日本留学生帰国後の就職状況（1913年12月）　（単位：名）

期別（人数）	行政部門	教育部門	艦隊実務	その他
第1期生（8）	6	0	0	2
第2期生（23）	16	5	1	1
第3期生（33）	14	3	4（1）	12
第4期生（20）	日本留学中			

註：第4期生25名は砲術学校に1ヶ月在学後、辛亥革命勃発のため全員帰国し、うち20名が1913年11月に復学した。

出典：「支那特報第一五号附属　日本留学生名簿」（1914年1月14日）（海軍軍令部『在本邦支那留学生関係雑件（海軍学生之部）』第1巻、外務省外交史料館所蔵、3.10.5.3-3）に基づき、筆者作成。

表６－３　海軍日本留学生帰国後の就職状況（1924年6月）　（単位：名）

期別（人数）	行政部門	教育部門	艦隊実務	其他
第1期学生（8）	5	1	0	2
第2期学生（23）	9	1	0	13
第3期学生（33）	10	3	3	17
第4期学生（25）	0	0	1	24

註：その他には、沈鴻烈の東北海軍創設に参加し、東北地域に移った者を含む。また、艦隊実務に携わる4名の所属艦艇は、水雷艇「張字」のほかは、渤海艦隊及び広東海軍麾下のものである。

出典：海軍軍令部編纂『留日支那海軍武官ノ現状　大正十三年六月調　附留学概況』（1924年7月、東洋文庫所蔵）に基づき、筆者作成。

二　東北地域への集結

海軍留日派の東北集結をもたらした要因として、上述のような閥系からの排斥を消極的要因と見なすならば、彼らの行為を引き起こすある種の契機、すなわち積極的要因が必要であった。以下、海軍砲術学校第二期出身の沈鴻烈を中心に論じていきたい。

一九一一年十一月九日、沈鴻烈は航海練習を終えて佐世保軍港で卒業証書を授与された後、辛亥革命参加のため、横須賀の海軍砲術学校に戻らず、同十一日直ちに長崎から帰国した(13)。民国初期、沈鴻烈は海軍部軍機処班長、参謀部課長及び陸軍大学の教官などを歴任したが、日本留学で学んだ知識と技術を軍艦勤務などの第一線で発揮する機会は与えられなかった。これは海軍軍人にとって極めて不満なことであり、沈鴻烈の心には失望感が次第に広がっていった(14)。そのような時、一九二〇年春にニコラエフスクでの中国海軍対露武器貸与をめぐる交渉(15)が行われることとなり、彼は海軍側の交渉員に選ばれた。これは彼にとってまさに一つの転機となった。この偶然の機会により湖北出身の沈鴻烈は初めて東北に赴き、同事件の解決後も吉黒江防艦隊の参謀として東北に残ることになったのである。

だが、沈鴻烈の東北残留とその後の活躍には、以上のような客観的な要因だけでなく、彼自身の能力と努力という主観的な要因も不可欠であった。一九二〇年五月、北京政府海軍部はハルビンに吉黒江防司令部を設立したが、その後長く江防艦隊に十分な経費を支出できなかった。艦隊維持に必要な経費を得るため、沈鴻烈は悩んだすえ同じ留日(陸軍士官学校)出身で東北陸軍の中堅軍人であった楊宇霆《ようてい》を通じて、奉天派の領袖東三省巡閲使張作霖と接触した。あたかも第一次奉直戦争直後で、奉天派は直隷派との講和交渉の適任者を求めており、沈鴻烈は幸いにも奉天派の代表となった。晩年の沈鴻烈はこう回想している。「私は黎元洪《れいげんこう》とは〔湖北出身の〕同郷関係を持つため、張作霖に選ばれ、中央艦隊参謀長の身分で張を代表して北京の会議に赴き、成功させた。以後、私はさらに張作霖に信用され、言ったことはみな聞き入れられるほどになった」[16]。こうして、張作霖の信用を得たため、沈鴻烈はその才能を発揮する機会を与えられるようになったのである。

第一次奉直戦争で敗れた張作霖は、直ちに東三省において大規模な軍事改革を行い、陸軍の増強に力を入れるのみならず、日露両国と境を接していることから、東三省の江海（河川・沿海）防務の切実さを意識するようになった。一九二二年八月、張は東三省保安総司令公署内に航警処を設け、沈鴻烈を処長に任命し、東北の江海防務、航政、漁業及び水路などを管轄させた。沈の回想は、「当局は前後して吉黒江防艦隊、営口漁業商船保護局、鴨緑江水上警察局などを私の指揮下に委ねた」と述べている[17]。航警処は東北の地方海軍建設準備の最高機構であり、一元的な管理体制をとり、その最高指導者沈鴻烈は海軍創設に当たり、まず人材を集めることに努めた。まず、動員されたのは沈鴻烈のかつての留日仲間であった。一九二三年一月、葫蘆島《ころとう》航警学校の設立後、留日海軍軍人の東北移動が増え、一九二五年二月には資料的に確認できるだけでも一九名に上った（表6－4参照）。その後、時間の推移とともにその人数はさらに増えたと考えられる。

三　海軍人材の養成

海軍創設に当たっては人材が第一に重要であるため、一九二三年一月、沈鴻烈は葫蘆島において東北で最初の海軍学校を設けた。これはその最初の試みであり、実際の活動のための模索段階であったため、また地方的な海軍学校と

表6－4　1925年2月東北における留日派海軍人員とその職務

氏名	階級	職名
沈鴻烈	海軍大佐 （東三省に限る少将待遇）	東三省保安総司令部航警処処長
凌霄《りょうしょう》	海軍大佐	東三省航警学校（葫蘆島）校長
方念祖《ほうねんそ》	海軍大佐	東三省航警学校（葫蘆島）教務長
宋式善《そうしきぜん》	海軍大佐	「威海」艦長
姜鴻滋《きょうこうじ》	海軍中佐	東三省保安総司令部航警処処主任
張楚材《ちょうそざい》	海軍中佐	航警学校教官
尹祚乾《いんそけん》	海軍少佐	「江平」艦長（吉黒艦隊）
陳華森《ちんかしん》	海軍少佐	東三省航警学校佐理官（将校補佐）
曾広欽《そうこうきん》	海軍少佐	吉黒江防司令処参謀
張振曦《ちょうしんぎ》	海軍少佐	「鎮海」機関長
羅致通《らちつう》	海軍少佐	東三省航警学校課長
範熙中《はんきちゅう》	海軍少佐	吉黒江防艦隊
戴修鑑《たいしゅうかん》	海軍大尉	東三省航警学校教官
呉建《ごけん》	海軍大尉	東三省保安総司令部航警処々長
譚剛《たんごう》	海軍機関大尉	東三省航警学校（葫蘆島）校長
劉田甫《りゅうでんほ》		
黄緒虞《こうしょぐ》		
任重《にんじゅう》		東三省航警学校銃砲教官
宋復九《そうふくきゅう》		東三省航警学校航海教官

出典：海軍軍令部編纂『留日支那海軍武官ノ現状　大正十三年六月調　附留学概況』（1924年7月、東洋文庫所蔵）、「奉天海軍ノ状勢ニ関スル件」（『奉天情報』第8号、1925年2月23日）、『各国一般軍事軍備及軍費関係雑纂　別冊　支那国ノ部』第1巻（外務省外交史料館所蔵、5.1.1.21-7）及び南京駐在領事林出賢次郎より外務大臣幣原喜重郎宛、機密郵電第19号、1925年2月26日（「海軍総司令劉参謀談話要領報告ノ件」（同上）などに基づき、筆者作成。）

して中央海軍部との間で不必要な紛糾を避ける必要もあったため、葫蘆島航警学校という名称が採用された。同校は航警処に属し、沈鴻烈が責任者として監督した。「同校の経費は張作霖の軍需処が支出することとされ、かつ必要に応じて随時申請し、実費を全額受領できる」こととなっていた。[18]こうした十分な経費提供により、葫蘆島航警学校は事実上の海軍学校として着々と整備され、組織的には、校長（大佐、一名）の下に教務処、軍需室、医務室、書記室などの部門を備えた。創設の初期には、同校の教職員は計五〇名余りで、初代校長は凌霄、教務処長は方念祖、航海教官は宋復九、銃砲教官は任重が起用された。これら中堅人物を始め、同校の教職員では日本留学出身者が多数を占めた。教育対象は学生と学兵に分かれ、募集条件及び学修期間が異なっていた。前者は中学、高校卒業の一八歳以上の者を募集対象とし、四年間の教育を受けるものとされた。後者は高等小学校卒業で一六歳以上の者を対象とした。同校の「教育方法や授業内容は日本の海軍士官学校［商船学校、海軍砲術学校或いは海軍水雷学校の誤り］、海軍大学［校］をモデルにし」、かつ「精神教育を重視し、君主に忠実にして国を愛すること、上官に服従すること、政治に関与すべからざることを求めた」とされる。[19]教官たちの留学経験と同じく、同校の学生は必ず校内における三年間の学習と海上における一年間の遠洋航海練習を受け、両者とも合格して初めて卒業することができると規定された。同校は一九三〇年には葫蘆島海軍学校に改称され、一九三一年夏までに計三期一〇〇名余りの卒業生、すなわち海軍将校候補者を養成することができた。満洲事変後、同校は威海衛に移り、引き続き青島など各地において学生を募集し、学校の運営を続けた。

以上のように、東北海軍の指導者たちは新たに海軍学校を設立し、必要な人材を養成し、軍組織の中下層を充実することを得ただけでなく、上層部軍人の質を高めるため、積極的に外国の新しい情報・技術を取り入れて、その視野を広げさせることに努めた。その例として、一九二九年の東北海軍将校による日本軍艦の演習参観を取り上げよう。

表6－5　東北海軍軍人の日本海軍演習参観（1929年9月14日）

午前		午後	
8:30	見学者軍艦「木曽」に乗艦	12:30	昼食
9:00	軍艦「木曽」出港	13:30	出港
9:20	合戦準備戦闘	13:50	陣形運動
10:00	22ノットまで増速	14:20	陣形運動終了
10:30	軍艦「対馬」と対抗演習開始	14:30	艦内案内（機械・機関を含む）
11:00	対抗演習終結、「対馬」と合流	16:00	「木曽」青島に帰港
11:15	溺者救助教練	16:30	見学者退艦
11:30	行進を起こす		
11:50	一斉投錨		

出典：第2遣外艦隊司令官伊地知清弘より海軍大臣財部彪宛、第2遣外艦隊、機密第82号ノ2、1929年9月16日「支那海軍士官便乗見学ニ関スル件報告」（「第2遣外艦隊機密第82号支那東北艦隊士官便乗に関する件」アジア歴史資料センター、Ref.C04016661600）に基づき、筆者作成。

第一次世界大戦後、世界の海軍関係技術は日進月歩で発展していたが、日本海軍は伝統的に他国の情報収集を重視し、最先端の技術を吸収・消化し、それを巧みに自国の状況で適用可能なものに発展させることに優れており、そのことは中国側にも伝わっていた。一九二九年四月には「中国海軍援助差止協定」が廃止され、日本海軍及び政府の中国海軍建設不支援を強いてきた法的根拠はなくなり、日中両国を取り巻く環境も変わりつつあった。これを機に東北海軍の指導者たちは留学時代の人脈を利用し、日本軍艦参観の計画に取りかかった。まず、沈鴻烈が青島駐在の日本遣外第二艦隊司令官伊地知清弘にこれを打診、同年八月末、伊地知司令官はこの件に関し、以下のように海軍省に許可を求めた。「九月十四日木曽青島港外ニ出動即日帰港ノ際該海軍士官約十五名ヲ木曽ニ便乗セシメ諸教練ヲ見学セシメ度候条至急御認許ヲ得度[20]」。九月四日、海軍省は直ちにこれを認め、「支那海軍艦隊士官便乗ニ関スル件認許ス[21]」と返事した。沈鴻烈の努力の結果、日本軍艦及び演習の参観が実現することとなったのである。

九月十四日、青島港外の大公島沖において、予定どおりに軍艦「木曽」は芝罘《チーフー》から回航の「対馬」と対抗演習を実施、東北海軍第一艦隊の凌霄など主要軍人一七名は軍艦「木曽」に同乗し、教練の見学をする機会を得た。彼らの演習参観の過程は以下、表6－5のとおりである。[22]

これは、東北海軍にとって成立以降初めての外国軍艦及び演習参観の経験であり、その上、海防艦隊（一九二五年に編成された海上防衛に当たる東北海軍の艦隊。第二節を参照）の首脳部全員に日本軍艦の航海、演習状況を見学させることができ、その意義は大きかった。彼らはこの参観に相当の満足感を表し、とくに以下のことに深く印象づけられたという。すなわち「一、兵員ノ動作敏活ニシテ静粛ナルハ支那海軍ノ及フ所ニ非ス、二、艦内ハ清潔ニシテ能ク整頓セリ、三、留学時代ニ比シ著シク機構発達シ特ニ電気器具ノ整備ハ驚クニ堪ヘタリ、四、本日ノ見学ハ多大ノ興味ト啓発トヲ与エラレタリ。[23]」

もっとも、演習当日、日本海軍側は軍事機密保護の立場から、特別な信号及び旗の使用、機密図面、文書類の隠匿など様々な特別措置をとっていた。日本海軍側がそのような特別措置をした上でもなお東北海軍の演習参観を受け入れたのは、東北海軍の好感を得、彼らの中で親日派を育てることを期待していたからであった。日本海軍側も、今回の行事は日中両国海軍の親睦に多大なる効果をもたらしたと認めた。

以上のように、日本留学出身の海軍人員の東北集結、葫蘆島航警学校における新たな海軍将校、下士官の養成は、東北海軍の創立に必要な人材を確保することとなったと考えられる。

第二節　艦隊：江防艦隊から海防艦隊へ

一　吉黒江防艦隊の接収

第一次世界大戦の終結以前、アムール（黒龍江）、ウスリー、松花江など東北の河川には中国の商船も軍艦も航行していなかった。これは、中国の航行権喪失を示すだけでなく、江防（河川防衛）体制の欠如をも露呈するものであった。だが、一九一七年十一月、ロシア革命の勃発後、東北地域におけるロシア人航運業が急速に衰退し、これにより東北地方の民族航運業が次第に発展し始めた。一九一八年には、代表的な中国系航運会社である戊通公司《ぼつうこうし》が成立し、アムール・ウスリー両江での営業を開始した。だが、中国商船の河川航行にはロシア軍艦による干渉や妨害が絶えず、両江航路の安全確保のためには江防体制の構築が不可欠であった。このことを最初に指摘したのは黒龍江督軍鮑《ほう》貴卿《ききょう》であった。彼は北京政府に対し、以下のように東北江防艦隊の即時建設を提案した。「防務で最も重要で購入必須のものは浅水砲艦ですが、それはかなり膨大な経費を要することになります。もし今海軍部保有の浅水砲艦中の数隻を下げ渡し、来年解氷期に速やかに［艦隊を］成立させ、松黒江防［アムール・松花江防衛］を助けることができれば、大変有益であろうと思われます」[24]。海軍部はこの提案に賛成し、一九一九年二月、北京政府国務会議は松黒江防の費用として財政部が一〇万元を支出することを決定した。

続いて、北京政府海軍部は広く各部門の意見を求めた後、一九一九年七月に吉黒江防籌備処を立ち上げさせ、視察〔官職名〕王崇文を同処長に任命し、砲艦「江亨《こうきょう》」「利川《りせん》」「利捷《りしょう》」「利綏《りすい》」の四隻を出し、上海からウラジオストク経由、アムール河口のニコラエフスクに至らせた。同地で越冬中に、四艦は「尼港事件」に巻き込まれ、翌年解氷期に事件が解決された後ようやくアムール、松花江を遡ってハルビンに達した。一九二〇年五月、海軍部は吉黒江防籌備処を吉黒江防司令部に改組し、さらに戊通公司所有の商船「江寧《こうねい》」「同昌《どうしょう》」「江津《こうしん》」の三隻、及び中東鉄道所有のパトロール船一隻を購入し、それぞれ「江平《こうへい》」「江安《こうあん》」「江通《こうつう》」「利済《りさい》」と改名し、艤装完成後、同艦隊に編入させた。

こうして吉黒江防艦隊が誕生することとなった。同艦隊の司令部はハルビン道外一七道街に置かれ[25]、海軍少将王崇文が吉黒江防司令に任じられ、沈鴻烈は同艦隊の参謀に任じた。

だが、その後中央政府による経費支出は長く滞り、一九二二年初めには吉黒江防艦隊は維持困難の状態に追い込まれた。このため、沈鴻烈は軍艦経費を求めて東奔西走し、上記のように楊宇霆を通じて奉天の張作霖に艦隊経費支援を求めた[26]。張作霖は艦隊経費・将兵給与等を負担することを条件に、中央政府に対し、艦船八隻を有する同艦隊を東三省自治政府の管轄下に収めることを要求し、その同意を得た。こうして、一九二二年四月より、「海軍吉黒江防各艦船は暫時張巡閲使の管轄に帰し、毎月の艦費は東三省が支出する」こととされた[27]。五月、第一次奉直戦争の時期、直隷派の大総統徐世昌は公債五〇万元をもって閩系海軍に働きかけ、その直隷派援助を得ようとした。この働きかけは効を奏し、「海軍司令杜錫珪《としゃくけい》の率いる巡洋艦『永績《えいせき》』『楚観《そかん》』『楚同《そどう》』の三隻は、七日山海関の東一四マイルの海上に現れ、同日午後、山海関附近の京奉線鉄橋に向かって発砲し、その破壊を図った」[28]。張作霖は奉天軍が敵軍艦からの攻撃に脅かされたことに大きな刺激を受け、速やかに自らの海軍艦隊を建設しなければならないと認識するようになった。

一九二三年六月北京での政権交代を契機に、江防艦隊は遂に東三省保安総司令の指揮に帰した。同年、艦隊司令は王崇文（福建出身）から毛鐘才《もうしょうさい》に交替、翌年毛の離職後、沈鴻烈が司令を兼任することとなった。こうして、張作霖はもともと中央海軍部所属であった吉黒江防艦隊を僅か二、三年の間でその地方軍事勢力の一部に接収することに成功した。このことに関して、以下二つの点を指摘することができよう。（1）東北独自の江防艦隊の運営は、張作霖の「保境安民」政策の産物であり、近代的な河川砲艦を持つ艦隊を保有すれば、対外的には日露勢力に対抗し、対内的には盗匪掃討、商船保護による東北地域の安定と発展を促進し、奉天派の権力を強化することができた。（2）それは、沈鴻烈らによる海軍建設計画の産物でもあり、江防は海防［沿海防衛］とともに国防の一部であるので、江防艦隊の獲得は東北海軍創設の第一歩であり、次に沈は海防艦隊の創設を企図した。そして、そのために彼らは日本からの艦艇購入を図ったのである。

二　日本からの艦艇購入

一九二四年には、張作霖等奉天派と呉佩孚《ごはいふ》等直隷派との関係は再び緊張し、奉天派は来たるべき戦争に備えて積極的に軍備の拡張を行った。直隷派側も渤海艦隊を動員して葫蘆島、営口一帯を巡視し、開戦前から奉天軍を威圧した。

東北海軍の現有艦船だけでは到底、直隷系海軍に対抗できないため、奉天派は海外（主として日本）からの軍艦購入または民間汽船を傭船にすることによる海軍力拡大を図ったが、日本政府は中立を保持し、これを拒否した。このため、奉天派は外国との直接の関わりを避けるため、日露の民間商船を購入し、旅順または営口のドックにおいて大砲等を設置し、軍用艦船に改造することに決した。奉天派は、前後して日本から「第一宇部丸」「嘉代丸」を購入し、艤装作業を行い、それぞれ軍用船として「飛鵬」「鎮海」と改名した。これが東北海軍海防艦隊の最初の艦艇である。また、その軍用船への艤装に当たっては様々な問題が生じ、日中関係における興味深い一面を呈示した。

（一）水雷艇「飛鵬」の購入

「第一宇部丸」は、もと海軍省所属水雷艇四六号が民間に払い下げられ、客船に改造されたもので、数次の転売を経て、長崎生まれで多年奉天に居住する松尾良平に買い受けられた(29)。一九二四年五月三日、松尾は東三省航警処雇いの日本人大谷源吉を介し、東三省総司令張作霖代表沈鴻烈との間に売買契約を結び、六月四日に内金二万円を受け取った後、六月二十八日より長崎県西彼杵郡香焼村松尾鉄工場において水雷艇への復旧のためと思われる修繕工事を始めた(30)。修繕工事はすべて同年八月三日までに完了する予定で、竣工後、買収価額及び天津までの廻航費約二万五千円が回航先で交付されることとされていた。同船は総排水量が一五〇トンしかないものの、喫水浅く速力が一七～一八マイルに達し、河川でも海上でも高い性能を誇った。

九月三日、おおかたの予想どおり、上海近郊、江南地方を舞台に直隷派・安徽派間の「斉盧戦争(31)」が始まり、奉天派は安徽派を支援し、直隷派に宣戦を布告した。第二次奉直戦争である。奉天軍は「第一宇部丸」の修繕完了後、これを出動させ、直隷系艦隊を魚雷攻撃するという計画も立てていたようだが、修繕工事の進行は遅れた。遅延の理由は修繕費の支払いに疑念を抱いたためだというが、中国内戦のさなか、これに関与することを懸念したためだとも考えられよう。

奉天側は同船を一日も早く竣工させ、引き渡すようにと日本に人を派遣し、督促した。九月十八日、奉天軍海軍大佐姜鴻滋が豆糟商人に扮して来日、松尾造船所を訪ねて工事の進行と船体引き渡しを促した。[32] ついで、十月七日には海軍中佐尹祚乾が商船業者に扮して来日し、「第一宇部丸」艦長という肩書きで引渡しを働きかけた。[33]

だが、南方の斉盧戦争は直隷派優位で進展し、十月十三日には奉天派の支援した盧永祥《ろえいしょう》が敗北して日本に亡命する事態となったため、売主の松尾良平は契約を無視し、完成後も船体を引き渡そうとしなかった。十一月三日、第二次奉直戦争が馮玉祥《ふうぎょくしょう》の政変により奉天派の勝利で終わった後、同月二十八日、両者は数回折衝を重ねた結果、「第一宇部丸」を営口に回航し航警処が残金二万三四五〇円を支払った後、[34] 引き渡すことで合意した。同船は翌一九二五年一月六日、ようやく旅順に入港し、同港ドックにおいて水雷艇に戻すための必要な修繕、艤装作業が行われた後、東北海軍側に引き渡された。

以上のように、水雷艇「飛鵬」の修繕、引渡し問題は、中国内戦の進展により二転三転し、大幅に遅延することとなった。そこには、経費支払い不確実という要因以外に、中国軍閥のいずれか一派に加担してその軍備拡張、武器供給を支援しないという日本側の中立方針が反映されていたと考えられる。

（二）　巡洋艦「鎮海」の購入

やはり第二次奉直戦争最中の一九二四年十月、奉天側は日本からの民間艦船雇い入れを図った。だが、日本政府の中国内戦不干渉、絶対中立という声明に従い、国内各汽船業者は「傭船セラレ日本国旗ヲ掲揚シテ戦乱地ヲ航行スルハ列国ニ対シ我外交方針ヲ誤解セシムル虞アリト為シ傭船ノ申込ミニハ応セサルモノ、如シ然レトモ其ノ何レナルトヲ問ハス売却スルニ於テハ別ニ支障ナカルベシ[35]」との態度であり、やむなく奉天側は急遽日本艦船購入を図ることとした。

まず、神戸の山本嘉次郎はその所有汽船「嘉代丸」(二、四六一トン、一八九四年建造)を金一〇万五〇〇〇円で売却する契約を奉天側と結んだ(36)。同船は十月二十日頃、大阪港において受け渡しがなされ、二十四日、営口に入港し、代金授受後同地の満洲船渠会社が艤装を請け負うこととなった。改装工事は同社の旅順・営口両港ドックにおいて行われることとなったが、船籍変更手続きの有無に関わり、牛荘駐在領事館から工事を中止させられることとなった(37)。十月二十九日、外務省からも「嘉代丸ノ売買手続等ノ問題ハ何レトスルモ我方ニテ之ヲ仮装軍艦ニ艤装スルカ如キコトハ面白カラサルニ付差控ヘシメラルル様致度シ」と指示された(38)。翌日には、大阪逓信局神戸海事部出張所において、同船はすでに日本籍抹消登録が完了していることが判明し、従って同船内の工事禁止の命令は解除されるべきものであったが、国籍変更後においても日本人の手で公然艤装を施すのは正当ではないと判断された。このため、関東長官は満洲船渠会社に圧力を加え、本件請負工事より手を引かせることとなった(39)。

こうした煩わしい問題に悩まされつつも、東北海軍側の代表者らは日本留学時代の人脈をうまく駆使し、同船の修理・改造を満洲船渠会社管下のドックで続けさせることができた。艤装作業を終えた「鎮海」は総排水量二、七〇〇トンで、速度一二ノットの巡洋艦に変身し、葫蘆島に配置された。

以上の例のように、奉天側は第二次奉直戦争直前及び戦中に海防艦隊の、作戦能力の向上に励み、積極的に日本側から艦船の購入に努めたが、決して順調に引き渡し、修繕、軍用船化が進んだわけではなかった。それは、国際的には中国海軍援助差止協定等の法的な制約と主たる購買先日本の対中国政策に制約されていた。当時の幣原外相は国際協調と中国内政不干渉を対華外交方針に掲げ、特定勢力の援助につながることを抑制していたのである。さらに、日本の民間においても中国の支払能力・政情不安定への懸念が抱かれていたことも、奉天派の艦船購入を妨げた要因の一つであった。

一九二五年初めには、上記の水雷艇「飛鵬」と巡洋艦「鎮海」のほか、奉天派は国内の航運会社政記公司から商船「升利」（約二、〇〇〇トン）を購入、また大沽造船廠から一隻のロシア船籍破氷船（一、一〇〇余トン）を接収し、「定海」と名づけた。同年五月末、沈鴻烈は奉天派保有艦艇全体を整理し、吉黒江防艦隊（砲艦「江亭」「江安」等七隻）と海防艦隊（偽装巡洋艦「鎮海」「威海」等四隻）を編成した。[40]この両艦隊が東北海軍の初期の軍事力を構成するものであり、以後、次第に東北海軍という名称が広がるようになった。

一九二六年春、張作霖は東北海軍司令部を瀋陽に設け、江防・海防両艦隊を統括し、沈鴻烈を司令に任命した。同年十一月、東北海軍は渤海艦隊の主力艦「海圻」（四、三〇〇トン、当時の中国最大の軍艦）を接収、一九二七年七月にはさらに渤海艦隊全体を接収し、これを連合艦隊に編成した。かくして、東北海軍は三艦隊を擁し、東北の沿海・沿江防衛体制を築くまでに至った。一九二九年十月の［対ソ］同江戦役前には、東北艦隊の実力は最高峰に達し、合計軍艦二六隻、飛行機一二機、水夫五、四〇〇名、陸戦隊四、三〇〇余名、工兵も含めて一万人以上の兵力を擁するに至った。[41]

第三節　根拠地：海軍発展と地域建設の相互作用

一　ハルビン根拠地と松花江航行権回収

一般に、艦隊の創立とともにその停泊、訓練を行う基地が必要となる。東北地域でもそれは例外ではない。吉黒江防艦隊は成立後、直ちに松花江の航運中枢であるハルビンをその根拠地に選定した。根拠地は艦隊に停泊港及び諸施設を提供し、艦隊の正常な活動の維持、関連産業発展等の機能を持つだけでなく、現地の経済発展、社会治安状況等とも密接な関係を有する。一九二〇年にハルビンが吉黒江防艦隊の根拠地になった後、最初はただ江防司令部の事務所、埠頭など簡単な施設を持つだけであったが、数年もたたずにその周りに東北商船学校、東北造船所、東北水道局などの関連機構を増設するに至った。このような展開は、松花江航行権の回収、中国航運業の発展と切り離せないものであった。

第一次世界大戦後の中国ナショナリズムの絶え間ない成長にもかかわらず、東北各河川の航行権は失われ、ロシア人航運業者の支配下にあった。だが、実際には航行権は「一国の国防、政治・経済に関わることきわめて巨大であり、軍事機密及び商民の権利のため、疎かにしてはならないのである」(42)。吉黒江防艦隊にとっても、航行権を回収しなければ、江防の任務にも手をつけようがないのであった。

沈鴻烈は航警処処長就任後、対外的に松花江は中国の内河であり、外国船はこれを航行する権利がないと主張し、外国船の松花江航行厳禁を命令し、ロシア勢力の抑制を図った。だが、数十年かけて築き上げてきた彼らの勢力は無視できるものではなく、ロシア人船舶業者は決して容易にその松花江航行権を放棄しようとはせず、東北当局側との間で紛争が続いた。沈鴻烈は東三省保安総司令張作霖にこの状況を説明し、東北海軍が禁令無視のロシア船舶をすべて差し押さえ、その営業を強制的に禁止することを求めた。一九二四年一月、張作霖はこれに応えて、ロシア側にこう声明した。「露国は当初は東支鉄道の材料輸送に藉口し松花江航行を許可せられてより条約を無視し高圧的に航行権を使用せるは明かに支那航行権の侵害なるを以て当然禁止せらるべきものなり[43]」。ついで、張作霖は東支鉄道督辦王景春《おうけいしゅん》、濱江道尹《ひんこうどうい》等に松花江で外国船を絶対航行させないよう命じた。これは、一九二〇年六月のロシア船の松花江航行禁止に続く張の新たな行動であった。こうして、中国側は何度も挫折した後、ついに松花江上のソ連籍船をすべて駆逐し、同江航運業を手中に収め、松花江航行権回収の目的を達成したのである。

他方、戊通公司《ぼつうこうし》は創立以来の経営方法不良、航運業の不振等により毎年赤字が続いており、一九二五年九月、ついに東三省政府が買収し、その債務弁済後に官営企業の東北航務局に改め、沈鴻烈が董事長［理事長］を兼任することとなった。就任後、沈鴻烈は直ちに人事改革に乗り出し、まず「昨日まで雇傭せし護兵は之を解傭し改めて東北江防艦隊の水兵を以て衛士とするに至った[44]」。次に、彼は「忠実ならざる白ロシア人技術者を除き、海軍の航海・機関技術者を移して補充した[45]」。沈鴻烈はこの成果を基礎にさらに松花江の航行権を完全に回収するため、中東鉄道航務処を併合するべく活動を展開し、張作霖を後盾に中東鉄道航務処のロシア側代表に対し圧力をかけつつ交渉を行い、同時に同局中国側副処長王錫昌にもこれに協力させた。こうして、一九二六年五月、東北海軍、軍警の支援の下、沈鴻烈は中東鉄道航務処の全資産を平和裡に接収し、ロシアの松花江航行権を完全に回収したのである。

この後、新たに設置された江運処が中東鉄道航務処の船舶・財産すべてを接管し、海軍大佐尹祖蔭《いんそいん》を処長に任じ、吉黒江防司令部に直属させた。そして、江運処は表面的には東北航務局と別であったが、実際には船舶の経営・管理等の業務は東北航務局に委託し、これが代行していた。中国の業者が松花江の航運業を独占した後、松花江上の船舶は増加したが、貨客量は増加しなかった。各業者の利益維持のため、一九二六年十二月には東北航務局が中心となり、東亜輪船公司、奉天航業公司等の業者を連合し、貨客船二七隻、はしけ二三隻、タグボート六九隻を擁する連合企業体「東北航務聯合局」が結成された。一九二八年、同局は経費節減のため組織の大改革を行い、東北海軍副司令沈鴻烈が董事長に任じ、宋式善、尹祖蔭等七名が董事団を構成した。こうして、東北航務聯合局は官弁企業の威信と船舶の数・質の優位等をもって、次第に船主との間に牢固たる信頼関係を打ち立て、貨物運輸量で他の業者を凌駕したのみならず、かつ同江の客運量の三分の二を占めるに至ったのである。一九二八年の統計で見ると、同局の総収入は三七七万元と総支出一九四万元のほとんど二倍に達していた(46)。この収入は東北海軍に納入され、拡大を続ける同海軍の維持費の来源となったのである。

二　青島、長山《ちょうざん》八島《はっとう》根拠地と漁業保護

日本が旅順・大連両港を租借し、かつ南満洲鉄道を経営している状況下、東北海軍が渤海・黄海沿岸で適当な地にその根拠地を建設するのは非常に困難であった。もともと連山湾の葫蘆島が東北海軍最初の候補地であったが、築港所要経費が過大のため、建設工事は中止を強いられた。東北海防艦隊の成立初期、所有艦艇は限られ、かついずれも

中小型艦船であったため、まだ同港の設備を用いて艦艇を停泊し、航警学校学生の演習を行うなどができた。だが、その後、海防艦隊の拡大により、とりわけ一九二六年に渤海艦隊の「海圻」接収後、東北海軍は急いで新たな海軍基地を建設することが必要となり、青島、長山八島根拠地の建設を促すこととなった。

北京政府の青島接収後、同港内の日・独の残した設備が利用可能となり、一九二三年末以来、温樹徳の渤海艦隊がここに駐屯した。一九二七年五月、東北海軍は渤海艦隊の接収に当たり、同艦隊が青島に有した司令部、海軍修械［武器修理］所、兵舎及び倉庫、貯炭所等をあわせて接収し、その基礎の上に東北連合艦隊総司令公署を設置した。こうして、青島は東北海軍第一艦隊の駐屯基地となり、その後さらに海軍工廠・養病所等の施設を増築した。艦隊訓練面では、沈鴻烈は都市から離れたところに嶗山《ろうざん》・薛家島《せつかとう》等の海軍附属基地を切り開いた。嶗山基地の範囲には嶗山湾のやや南の腰島岬《ようとうこう》と鮑魚島《ほうぎょとう》の間の道教古寺太清宮及びその周囲の海湾が含まれた。同基地は、第一艦隊及びその陸戦隊の訓練地、将校達の集会所となった。第一艦隊は毎月二週間、嶗山基地において訓練を行い、残りの二週間は青島に戻って修練を積んだ。

東北海軍第二艦隊の根拠地として、沈鴻烈は旅順・蓬莱間の要衝の地、長山八島を選んだ。それは未開発地であったため、一九二六年、沈鴻烈は自ら同地の地理条件、民生状況を視察した後、南長山島上に第二艦隊司令部を設置し、艦長袁方喬《えんほうきょう》に同地駐屯を命じた。同地開発の具体的措置として、「前後して埠頭、海軍貯炭庫、灯台の建設、井戸開鑿、艦隊司令部及び海軍倶楽部、職員宿舎を建築し、さらに兵を動員して島内の広大な塩浜を干拓して練兵場とし、陸上教練及び運動競技に用いた[47]」。また後には山東省政府の同意を得て、長山八島は暫時、東北海軍の管轄下に帰することになった。一九二八年、東北海軍は同地に民政部を設置、軍事と民政の二重の管理を行い、強固な海軍根拠地を建設したのである。

かくして、渤海・黄海の近海領域はすべて東北海軍の支配下に入ることになった。一九二八年十二月、東北の易幟後、東北海軍は現状維持を条件とし、ただ形式的に軍事委員会の管轄に帰した（翌年三月、国民政府により「第三艦隊」に改編）のみであったが、その状況は大きく変化した。第一に、張学良の東三省保安総司令就任後、海軍に対する態度は張作霖よりも大いに劣り、海軍軍人達は次第に疎遠になり、海軍経費の支出も前ほど順調にはいかなくなった。また、「哈爾濱ノ航運業ハ利益三、四百万圓ニ上リ昨年［昭和三年］ハ其ノ内ヨリ約七十万圓ヲ本海軍［東北海軍］ニ融通セシモ本［一九二九］年度ハ欠損ナラン」(48)と予想されていた。東北海軍は年経費約一二五〇万元のうち約七〇万元を航運業利益から得ていたが、地域経済の不況により、このような調達方法が困難になったのである。第二に、一九二九年十月の中ソ同江戦役により、江防艦隊は主力艦六隻沈没、商船八隻抑留、陸海兵員六六〇余名損失等の損害を受け、その被害は実際価額に換算して三〇〇万元以上となった。

このような苦境脱出のため、東北海軍高官は各種自救策を検討するとともに、青島駐在第二遣外艦隊の日本軍人にも意見を求めた。一九二九年十一月、第一艦隊隊長凌霄らの東北海軍高官は日本の青島駐在武官酒井武雄を嶗山基地に招いて会談し、こう述べた。「此際何等カノ打開策ヲ講ズルノ必要アルヲ以テ教示ヲ得度シ又其レニ就テハ日本海軍ノ好意ト援助ヲ切望ス」(49)。これに対し、酒井は以下のように考えを述べた。（1）青島（あるいは芝罘・白河等）に東北海軍独自の堅固な地盤を構築すべきで、少なくとも山東の過半の地を占有する必要がある。（2）葫蘆島に港湾を建設し、半ばは艦隊停泊の基地とし、半ばは商港として税金を取り、海軍の自給自足を図るべきである。その後の東北海軍の青島基地建設及び一九三〇年からの葫蘆島港湾建設開始から、酒井の建議が確かに採用されたことが証明できる。

酒井の建議がどう東北海軍側に取り入れられたかは、なお資料的に未確定であるが、その後、確かに東北海軍は青島を根拠地として確立し、また一九三〇年から東北政権は葫蘆島港湾の建設に取りかかることとなった。

海防艦隊の根拠地青島、長山八島等の建設・強化は、軍事上の目的達成のほか、現地社会に有利な影響をも与えていた。以下、渤海・黄海の漁業保護という面からこの点を論じてみたい。

渤海・黄海の近海漁業資源は非常に豊富で、とりわけ遼東半島一帯は東アジアでは有名な魚場であった。だが、中国漁業は力が弱く、漁場に侵入した日本漁業との競争に敗れていた。渤海・黄海沿海の漁民は新式の漁船は無論のこと、通常の魚輪〔発動機付き漁船〕を持つものも少なく、伝統的な漁法・漁具を用い、ただ沿海で流し網漁を行うだけであった。他方、日本人漁民（多くは満洲移住者）は新式漁法を用い、かつ渤海湾内で好きなように操業し、中国漁民の流し網を切断し、魚を奪う、海岸から三マイル以内に侵入して漁をするなど違法操漁の事例も絶えなかった(50)。また、当時の国民政府の漁業管理はいい加減で、漁民を保護する力はなく、また地方政府は収魚税をとるのみで漁場の保護には無関心であり、例え水上警察が置かれた所でもそれは有名無実であった。東北政権も営口に漁業商船保護総局という機構を設けていたが、それは漁業の発展には役立っていなかった。

東北海防艦隊は漁民の苦しみに深く同情し、一九二八年春、沈鴻烈は青島海軍総司令部に奉天・直隷・山東三省漁民代表会議を召集し、各代表の意見を聴取し、漁業保護政策を審議した。ついで、治標〔暫定策〕、治本〔根本策〕の両案を定め、海軍参謀徐国傑《じょこくけつ》を各地に派遣し、指導・実行させた。治標策は漁業保護体制を打ち立てることであり、治本策は漁民の漁労技術・能力を向上させることであった。

前者（漁業保護）に関しては、沈鴻烈は北は東三省沿岸から南は海州に至る広大な近海領域を六漁区に区分し、各漁区所属漁船をグループごとに編成し、海軍製造の漁旗を交付し、軍艦を派して保護に当たらせた。海防艦隊の「威海」「鎮海」等の一一隻はそれぞれ各漁区に配置され、各海域の漁業保護の任務に当たることとなった（表6－6参照）。同時に、特に各漁区内の日本籍漁船を絶対に取り締り、「日本漁船全部ヲ臨検之カ立退ヲ要求シ肯セサルニ於テハ厳

表６－６　東北海軍の漁業保護体制

漁区	海域の範囲	艦艇名
第１区	滄州島以南及び海州南北 60 海里一帯	「楚豫」「海燕」
第２区	滄州島より成山頭及び威海衛より海陽の一帯	「威海」「海鶴」
第３区	成山頭より黄県・招遠境界及び北城隍島の一帯	「江利」「澄海」
第４区	黄県、招遠境界より大河口附近の海面	「永翔」「海駿」
第５区	渤海湾内の東三省及び河北沿岸	「定海」「海鷗」
第６区	東三省南岸	「鎮海」

註：「東北海軍現行編制（続キ）」、駐青島武官藤原喜代間より第２遣外艦隊司令部、軍令部、軍務局宛報告書、青普第 17 号之 2、1931 年 6 月 27 日（『昭和６年Ｄ公文備考　外事』巻 6、アジア歴史資料センター、Ref. C05021542700）及び『東北年鑑』（東北文化社、1931 年）300-301 頁に基づき、著者作成。

重処分スヘシ」という方針をとった(51)。そのため、各艦艇の巡航費用はすべて東北海軍の海防用費から支出され、漁民には負担をかけなかった。

後者（漁業技術・能力向上）に関しては、現地漁民の旧習因循・資金不足に鑑み、沈鴻烈は会社を設立し、新式漁業法を導入し、現状を改めることを検討した。彼はまず海軍江運処に五万五〇〇〇元支出を命じ、ついで民間投資を吸収し、一〇万元の資金を調達し、この資金に基づき、大連に官商合弁の海産公司を設立した。一九二八年秋から翌年夏にかけて、海産公司は新式トロール漁船四隻を買い入れ、近代技術を用いて操漁を行い、多大な利益を得た。この影響を受けて、沿海各地の漁民も続々と資金を集めて新式漁船を建造し始めた。一九三〇年には、東北の新式漁船は一〇〇余隻にまで激増した。これらの漁船の発動機は六〇及び七〇馬力、すべて日本から買い入れたものである(52)。新たな漁労技術と厳格な管理体制を採用したことは、漁区の拡大、漁獲量の増大などの直接的利益をもたらしたことが明らかである。一九二九年の遼東半島の漁獲量は七九五四万九七二〇斤［一斤は約五〇〇グラム］に達し、一九二七年、一九二八年に比べてそれぞれ約三八〇六万斤、一五五七万斤の増大となった(53)。さらに、海軍監視船の援助により、外国漁船の侵入操業に対抗することも可能となったのである。

おわりに

沈鴻烈ら留日海軍軍人は、専門家的見地から海軍の存在に欠かせない三つの条件、即ち人材、艦隊と根拠地から着手し、東北海軍の基礎を築き上げ、僅か数年の間にそれをゼロから急速に発展させることに成功し、一九二〇年代後半には東北海軍の力は中央海軍を凌ぐほどにも達した。これは近代中国海軍建設史上においても奇跡というべき成功例であり、以下のような点で評価されるべきであろう。（1）海軍創設の初期、艦艇、装備調達より先に留日関係の利用や海軍学校設立等による人材確保を図り、その成果を得たこと。（2）各種の手段により艦船獲得に努め、さらに河川運輸業経営による利益をもって海軍経費を調達することに成功したこと。（3）海軍根拠地を構築し、それを背景に軍事力を拡大するとともに、漁業保護など沿海産業、松花江航行権回収など沿江産業を促進し、地域の経済発展に貢献したこと。とりわけ、東北海軍の発展が地域社会の発展に連動していたことは特筆すべきであろう。

しかし、究極のところ東北海軍は地方軍に過ぎず、その軍事力の拡大は東北地方勢力の拡大を助け、中国の国内統一にマイナスになったという評価もあり得る。東北海軍の将来目標には北からの全国海軍の統一があったが、当時の状況からいって、まるでその力の及ぶところではなかった。東北海軍の発展の過程は、以上の検討から明らかなように、人材獲得、艦隊形成、根拠地建設のいずれにおいても日本と密接な関係があった。留日派による葫蘆島航警学校の設立、日本艦隊の演習参観、日本からの艦艇購入などがその例である。それは東北海軍の発展過程における必要から発したものであり、堅実な日中交流であった。

だが、一九三一年九月十八日、柳条湖事件に始まる日本軍の東北侵略により、東北海軍はその政治的・社会的基盤を失い、激しく揺れ動くことになる。すなわち、一九三一年十一月には第一次内訌（同海軍内の指導権争い。「嶗山事件」）、一九三二年には江防艦隊の満洲国編入、[54] 一九三三年六月には第二次内訌（主力艦船三隻が南下、広東海軍に合流）と続き、東北海軍は江防艦隊・海防艦隊の主力艦艇を失い、急速に衰退した。ただ、沈鴻烈ら一部の東北海軍軍人は国内各地の海軍軍人とともに抗日統一の立場を堅持し続けた。

註

(1)「在本邦清国海軍留学生教育受託ノ顛末」明治四十三年（一九一〇年）二月二十四日（「在本邦支那留学生関係雑件（海軍学生之部）」第一巻、外務省外交史料館所蔵、3.10.5.3-3）。

(2) 沈鴻烈（一八八二―一九六九年）、字は成章、湖北省天門県生。一九〇六年五月、清朝政府派遣の海軍留学生として来日、商船学校に入学、一九一〇年四月、海軍砲術学校に進学。帰国後、南京の海軍部軍機処、北京の参謀本部などに勤務、一九二〇年、東北吉黒江防艦隊参謀長就任。一九二二年八月、航警処処長に抜擢され、東北海軍の創立に取りかかる。一九二七年七月東北海軍総司令部司令代理に任命。一九三一年十一月、青島市特別市長兼任。その後、一九三八年一月、山東省政府主席兼省保安司令、一九四一年冬、国民政府農林部長、一九四四年九月、中央党政工作考核委員会秘書長、一九四六年四月、浙江省政府主席、一九四八年七月、考試院銓叙部長、さらに台湾移転後、総統府国策顧問などを歴任（雷法章「沈成章先生伝略」（考試院考試技術改進委員会『考政資料』第四巻第七期、一九六二年一月）、黄福慶「沈鴻烈（一八八二〜一九六九年）」（秦孝儀主編『中華民国名人伝』第二冊、台北、近代中国出版社、一九八四年）など参照）。

(3) 中国では、「東北」という名称は一九二〇年代初めから使われるようになった。『東北年鑑』（瀋陽、東北文化社、一九三一年）一頁によれば、「一九二二年張作霖は東北屯墾辺防督辦となった。これが東北という名称が公文書に現れた最も明確な事例の一つであり、同時に張の軍隊も東北軍と呼ばれるようになった」という。行政的には、東北は黒龍江、吉林、奉天（一九二九年、遼寧と改名）、熱河（一九二九年、特別区から省に昇格）の四省を指す。

（4）近代中国の海軍は一八六〇年代半ばの創設以来、派閥対立が著しかった。一九二〇年代には出身地別の派閥に閩（福建）系、粤（広東）系、魯（山東）系、留学先別の派閥に留英派、留米派、留日派があった。閩系海軍軍人には英米留学出身者が多かったのに対し、日本留学出身者は出身地にかかわらず、東北海軍に集まった。

（5）例えば、呉杰章・蘇小東・程志発主編『中国近代海軍史』（北京、解放軍出版社、一九八九年）、海軍司令部同書編輯部編著『近代中国海軍』（北京、海潮出版社、一九九四）年などがある。

（6）曾金蘭「沈鴻烈與東北海軍（一九二三～一九三三年）」（台中、私立東海大学歴史研究所修士論文、一九九二年）。曾論文は沈鴻烈の生涯および東北海軍の創設・拡大・衰退の過程について検討するもっとも詳しい研究である。同論文は沈鴻烈の個人文書を初めて利用したものだが、その一九四〇、五〇年代に執筆した回想・記録における言説の影響から脱することができず、沈鴻烈の一生は反日・拒日であると論じた。

（7）清国公使館附武官森義太郎より海軍大臣斎藤実宛「第一回卒業清国海軍学生帰国後ノ処置ニ就テ」一九一一年七月十四日（『明治四十四年　公文備考　学事』巻十四、アジア歴史資料センター、Ref.C07090122800）。

（8）「湖北海軍学生ノ窮状」（東亜同文会『支那調査報告書』東亜同文会支那経済調査部、一九一〇年）五二頁。

（9）外務大臣小村寿太郎より清国駐在公使伊集院彦吉宛電報「本邦留学清国海軍学生ニ関スル覚書」機密送第一一六号、一九一〇年十一月二十五日（「在本邦支那留学生関係雑件（海軍学生之部）」第一巻、外務省外交史料館所蔵、3.10.5.3-3）。

（10）南京駐在領事鈴木栄作より外務大臣内田康哉宛公信「中華民国海軍部役員発表報告之件」公第一八号、一九一二年一月二十二日（「清国革命動乱ノ際ニ於ケル各省独立宣言並中華民国仮政府承認請求一件」第一巻、アジア歴史資料センター、Ref.B03050646600）。

（11）張鳳仁「東北海軍的建立与壮大」（中国人民政治協商会議遼寧省委員会文史資料研究委員会編『文史資料選輯』第三輯、一九八四年）。

（12）「支那海軍ノ近況ト列国関係」（「軍令部秘報第二五号」一九二九年六月二十七日、雑報第一号、アジア歴史資料センター、Ref.B04010613000）。

（13）海軍次官財部彪より内務次官・警視総監・憲兵司令官宛電信「清国海軍学生ニ関スル件」官房機密第五七六号、一九一一年十一月八日（アジア歴史資料センター、Ref.C07090122900）。

（14）沈鴻烈は晩年の回想録に以下のように記している。「中華民国成立以来、福州海軍閥が海軍部において権力を握り、外省出身の青年を排斥していた。私も長い間、参謀本部に抑えられて海軍のことに関わることができなかった」〔第十五則「吉黒江

防艦隊的『討賊生活』」（沈鴻烈『消夏漫筆』一九五五年〈未刊稿〉、台北、中央研究院近代史研究所所蔵）」。

(15) 張力「廟街事件中的中日交渉」（金光耀・王建朗主編『北洋時期的中国外交』上海、復旦大学出版社、二〇〇六年）が詳しい。

(16) 中央研究院近代史研究所編纂『沈鴻烈（成章）先生訪問談話記録』（一九六二年〈未刊稿〉、同研究所所蔵）六頁。

(17) 沈鴻烈『東北辺防與航権』（一九五三年〈未刊稿〉、台北、中央研究院近代史研究所所蔵）四頁。

(18) 楊志本主編『中華民国海軍史料』（北京、海洋出版社、一九八六年）九八九頁。

(19) 同右、九八九―九九〇頁。

(20) 第二遣外艦隊司令官伊地知清弘より海軍大臣財部彪宛「支那東北海軍艦隊士官便乗ニ関スル件上申」第二遣外艦隊、機密第八二号、一九二九年八月二十九日（「第二遣外艦隊機密第八二号支那東北艦隊士官便乗に関する件」アジア歴史資料センター、Ref.C04016661600）。

(21) 海軍大臣財部より第二遣外艦隊司令官伊地知宛、官房機密第一二〇番電報、一九二九年九月四日（同右）。

(22) 日本軍艦見学に参加した一七名の将校は、みな東北海軍海防艦隊の中心的な存在であった。内訳は以下のとおり。海防第一艦隊長凌霄、「海圻」艦長姜鴻滋、「海琛」艦長方念祖、「肇和」艦長馮涛、「鎮海」艦長劉田甫、総司令部機関長高鳳華、「楚豫」艦長陳泰炳、「海圻」機関長張振曦、「肇和」機関長孫斌、総司令部参謀曹樹芝、「海圻」銃砲正（官職名）姜炎鐘、「定海」副長趙宗漢、「海圻」魚雷正劉襄、「海琛」銃砲正李信侯、「海琛」航海正兪健、「肇和」銃砲正任毅及び「鎮海」銃砲正呂桐揚。第二遣外艦隊司令官伊地知清弘より海軍大臣財部彪宛「支那海軍士官便乗見学ニ関スル件報告」第二遣外艦隊機密第八二号之二、一九二九年九月十六日（「第二遣外艦隊機密第八二号支那東北艦隊士官便乗に関する件」アジア歴史資料センター、Ref.C04016661600）。

(23) 「支那海軍士官便乗見学ニ関スル件報告」（同右）。

(24) 「收黒龍江督軍（鮑貴卿）咨」一九一八年十二月十二日受（『中俄関係史料　東北辺防』（一）、台北、中央研究院近代史研究所、一九八四年）四三七頁。

(25) 李述笑編著『哈爾濱歴史編年（1896―1949）』（哈爾濱市人民政府地方志編纂辦公室編・刊、一九八六年）九九頁。

(26) 東三省自治政府とは、第一次奉直戦争敗戦後、張作霖が直隷派支配下の中央政府を否認して東三省の独立を宣し、樹立した政府。常城主編『張作霖』（瀋陽、遼寧人民出版社、一九八〇年）九一―九四頁参照。

(27) 池仲祐『海軍大事記』（沈雲龍主編『近代中国史料叢刊』続編第十八輯、台北、文海出版社、一九七五年）二九頁。

(28)「直軍砲撃京奉路線」（『盛京日報』（瀋陽）一九二二年五月十日）。
(29) 元東北海軍の范傑は、一九二四年の奉直戦争の際、奉天軍は日本から水雷艇一隻を購入し、「飛鵬」と命名したと記すが、これが「第一宇部丸」であると推定できる。范傑「我在東北海軍的回憶」（文聞編『旧中国海軍秘檔』北京、中国文史出版社、二〇〇六年）三一頁参照。
(30) 長崎県知事富永鴻より内務大臣若槻礼次郎・外相幣原喜重郎・陸軍大臣宇垣一成・海軍大臣財部彪宛報告「張作霖ノ軍用船購入契約ニ関スル件」外高秘第五五四三号、一九二四年九月十一日（「支那海軍拡張援助差止協定一件」大正十一年五月、外務省外交史料館所蔵、5.1.1.31）。
(31) 斉は江蘇省督辦の斉燮元（直隷派）、盧は浙江省督辦の盧永祥（安徽派）のこと。
(32) 長崎県知事富永鴻より若槻内相・幣原外相・宇垣陸相・財部海相ら宛報告「張作霖ノ軍用船購入ニ就キ支那人来崎ニ関スル件」外高秘第五五四三号、一九二四年九月十九日（前掲「支那海軍拡張援助差止協定一件」大正十一年五月）。
(33) 富永長崎県知事より若槻内相・幣原外相・宇垣陸相・財部海相ら宛報告「張作霖ノ軍用船購入関係人物ノ行動ニ関スル件」外高秘第五五四三号、一九二四年十月十日（同右）。
(34) 同右「張作霖ノ軍用船購入契約ニ関スル件」一九二四年十一月二十九日（同右）。
(35) 兵庫県知事平塚廣義より若槻内相・幣原外相・犬養毅逓信大臣宛報告「張作霖軍用船買収ノ件」兵外発秘第二一八四号、一九二四年十月十一日（同右）。
(36) 平塚兵庫県知事より若槻内相・幣原外相・犬養逓相宛報告「張作霖軍用船買収ノ件」兵外発秘第二一八四号、一九二四年十月十一日（同右）。
(37) 中山牛荘領事より幣原外相宛電報、第五一号、一九二四年十月二十八日（同右）。
(38) 幣原外相より中山牛荘領事宛電報、第二七七号、一九二四年十月三十日（同右）。
(39) 中山牛荘領事より幣原外相宛電報、第一四三九二号、一九二四年十一月二日（同右）。
(40) 東亜同文会調査編纂部『支那年鑑』（同会刊、台北、天一出版社、一九二三年）四二六頁。
(41)「東北艦隊現在実力」（『盛京日報』一九二九年十月六日）。
(42) 盧化錦「沿岸及内河港航行権問題」（『東方雑誌』第二十六巻第十六号、一九二九年八月）二四頁。
(43) 南満洲鉄道株式会社臨時経済調査委員会編『松花江の水運』（大連、南満洲鉄道株式会社、一九二九年）八頁。
(44)「東北航務局並に東北聯合航務局に就て」（『満鉄調査月報』第八巻第六号、一九二八年六月）一五〇頁。

(45) 前掲『東北辺防與航権』三一頁。
(46) 前掲『松花江の水運』二五頁。
(47) 前掲『東北辺防與航権』八頁。
(48) 青島駐在武官酒井武雄より第二遣外艦隊司令部・軍令部・軍務局など宛「東北海軍ノ近情」青秘第十二号、一九三〇年二月十五日（「青秘　東北海軍の近情（一）」アジア歴史資料センター、Ref.C05021125700）。
(49) 同右。
(50) 関東州勤務海軍武官久保田より関東庁警察課長大場ら宛報告「渤海湾出漁邦船ニ関スル件卑見」旅駐庶第五六号、一九二九年六月十一日（「昭和四年　公文備考　外事」巻十三、アジア歴史資料センター、Ref.C04016617100）。
(51) 関東庁木下長官より外務大臣田中義一宛電報「芝罘発本官宛電報第六三号ニ関シ」外第四一号、一九二九年五月二十九日受（同右）。
(52) 広東駐在代理領事須磨弥吉郎より外務大臣幣原喜重郎宛公信「東北海軍代表徐国傑ノ来廣ニ関シ報告ノ件」公第一三八二号、一九三〇年十二月八日（「支那軍事関係雑件」第三巻、アジア歴史資料センター、Ref.B04010608200）。
(53) 徐嗣同『東北的産業』（上海、中華書局、一九三二年）八六頁。
(54) 青島駐在藤原武官より次官・次長等宛電報「外国情報　青島在勤武官電報（一）」機密第五四号、一九三二年二月十七日（アジア歴史資料センター、Ref.C05022003600）及び藤川宥二『満洲国と日本海軍』（堀部タイプセンター、一九七七年）を参照。

終章：結論

本書では、一八七〇〜一九三〇年代における近代中国海軍の創設と拡大、消滅と再建の過程を日本との関わりを軸に、さらに日米中関係を含む国際関係の背景の下に歴史的・実証的に検討を行ってきた。

これまで日本においては、史料的な制約及び歴史観、結果論的評価が災いして、近代中国の海軍に関してほとんど十分な研究が行われないまま、その存在自体を否定するような見方が流布していた。しかし、近代海軍は単なる軍事組織であるにとどまらず、内政、外交、経済、科学技術にも密接な関連を有する複雑な機構であり、その歴史的研究は中国における近代国家形成と政治・社会変動、そして国際環境を理解するためには欠くことができないものであろう。他方、中国、台湾では相当量の研究と史料編纂が行われているとはいえ、研究の視角及び評価はきわめて一国史的・革命史的であり、とりわけ対外関係及び外国資料の利用において大きな問題を残している。本書が示したように、近代中国海軍の興亡は日本と密接不可分であり、また日本側に豊富な史資料が残されているにもかかわらずである。

こうした研究動向と関連史資料の状況を踏まえ、本書では、近代の中国海軍を代表する北洋海軍の創設から拡大、北洋艦隊の日本巡航の波紋、日清戦争後の海軍再建、清朝海軍当局の日本視察と日本モデル導入の試み、民国初期の海軍再建の困難と日米関係、三都澳海軍根拠地問題などのテーマに焦点を当てて、検討を行った。今一度、本書の内容を章ごとに振り返ると以下のとおりである。

一八七〇年代半ば以後、清朝の海軍建設は対日関係の緊張を背景にして急速に展開された。清朝は一八七四年の日本の台湾出兵に大きな衝撃を受け、以後、海軍建設の重点を西洋列強の侵略への対処から日本の拡大抑制に転じ、李鴻章の創建になる北洋艦隊（北洋海軍）を優先的に整備・育成する方針をとった。北洋艦隊は一八八八年にはアジア第一の艦隊にまで発展し、巨艦「鎮遠」「定遠」などその主要艦性能及び艦船保有量において日本を凌駕した。この間、琉球問題、ついで朝鮮問題をめぐって日清間の紛争が絶えず、日本側も清国を仮想敵として海軍力の整備に力を注ぐこととなった。

清朝は遠洋航海の訓練と日中親善を目的とし、一八八六年、一八九一年、一八九二年の三度にわたり北洋艦隊主要艦船による日本巡航を実施した。だが、これは日本側からは巨艦を連ねた示威行動と受け止められ、その対清脅威感・敵愾心を刺激し、日本海軍の対抗的な軍備拡張を促すこととなった。また、この北洋艦隊の訪日は同艦隊の諸情報の漏洩をもたらし、日清戦争における敗北の一因となった。北洋艦隊の三度の日本訪問は、その後の近代中国海軍の命運と日中関係を考える上で示唆的な歴史的序曲と見ることができる（第一章）。

日清戦争によって北洋海軍は全滅したが、清朝の海軍建設はこれで停止されたのではない。宣統期（一九〇九―一九一一）には摂政王載灃の統治の下、艦隊編成、軍港開設、人材育成のいずれにおいても本格的に海軍の再建が進められた。また、軍事的中央集権化の一環として一九〇九年後半には、中央政府による海軍統轄予備機構として籌辦海軍事務処が設立され、艦隊の統一面でかつてないほどの成果を収めた。当時、清朝政府は財政困難を極めたが、この海軍再建に要する経費は各省割当（四割）、度支部支出（三割）と民間募金（三割）により調達し、さらに不足額は内帑金拠出により補われることとなった。積極的な資金調達の努力が、清朝最末期における急速な海軍再建、外国からの艦船購入を可能にしたのである（第二章）。

宣統期には海軍再建の重要な項目として海外（欧州、日米）への視察にも積極的に取り組まれた。とりわけ、明治日本の近代化と立憲君主制をモデルにした清末新政期の海軍再建と制度改革において、一九一〇年の日本海軍視察が大きな意味を持った。

日本への海軍視察はアメリカ視察とともに行われ、訪米往路の非公式訪問（一九一〇年八月二十六日～九月四日）と訪米復路の公式訪問（同年十月二十三日～十一月一日）に分かれる。清朝側は籌辦海軍大臣の載洵、薩鎮冰及び籌辦海軍事務処幹部を主要メンバーとして視察団を組み、日本海軍の制度・技術や教育などを視察し、これを摂取して中国海軍の復興に役立てることを目的とし、日本側の熱烈な歓迎と協力を得て大きな成果をあげ、また日本軍政各界との交流を進めた。日本側の清朝視察団への歓待と協力方針の背後には、満洲問題をめぐるアメリカとの対立、袁世凱等清朝一部の連米制日戦略、米独中同盟計画などの動きが存在した。日本はこのように東アジア国際政治において不安定な立場にあり、清朝との親善関係を促進し、その海軍再建を最大限支援することにより、欧米列強の介入を防ぎ、清朝海軍内に日本の勢力を扶植することを期待したのだと考えられる（第三章）。

一九一〇年十二月四日、清朝海軍の中央統括機関として海軍部が成立した。これは海外海軍視察の直接の成果であり、日本で収集した海軍関連資料が参照されたことは明らかである。清末民初期の海軍建設において、日本からの艦船購入や留学生派遣といった形でも日本との関係は密接であった。艦船では、三菱長崎造船所製造の砲艦「永豊」（後に「中山艦」と改称）が孫文の革命運動で活躍したことが有名である。また、日本の商船学校、海軍諸学校等で学んだ中国留学生の中からは、後の中国海軍で活躍する優れた人材が輩出された。このように、近代中国の海軍は従来イギリス、フランスを主たるモデルとしていたが、清末以来日本モデルも導入され、それは中華民国期における中国海軍の制度・軍事力・人材の基礎となった。また、日中海軍の交流が深まり、中国では留日派ないし親日派軍人が、日本でも「支那通」海軍軍人が生み出され、清末民初期の日中関係の一つの紐帯となった（第四章）。

中華民国初期（北京政府期）における海軍の展開とそれをめぐる東アジア国際政治を論じるに当たって、一九一一年の中米海軍借款契約（ベツレヘム契約）は無視することができない。一九一一年十月二十一日、清朝政府海軍部はアメリカのベツレヘム製鋼会社との間で海軍建設を目的とした巨額の借款契約を締結した。ちょうど辛亥革命勃発直後であり、清朝は間もなく倒壊したが、この契約は中華民国期にもなお有効とされ、中国海軍部及びアメリカは同契約履行という形でアメリカ借款による中国海軍建設及びアメリカ海軍勢力の進出を図ったが、いずれも日本の強い反対を受け、挫折することとなった。

その後、ワシントン会議で確立した国際協調、極東・太平洋をめぐる現状維持、中国内政不干渉の国際体制を背景として、日米英仏等諸列強は中国海軍への援助停止で一致し、一九二三年、国際的な「中国海軍援助差止協定」が締結され、ベツレヘム契約の履行は無期延期となった。このような国際的制約は、北京政府期の絶え間ない内戦や抗争、そして政府財政の窮迫とともに中国海軍の建設を停滞させることとなった。この状況は、国民政府による全国統一が諸外国に認められ、一九二九年四月二十六日、上記差止協定が解除されるまで続いたのである（第五章）。

一方、一九二〇年代半ばの東北地域では張作霖政権下、新たな勢力「東北海軍」が発展した。清末民初期の海軍日本留学生は帰国後、中国海軍中の最大勢力「閩系」（福建系）の排斥を受けていたが、沈鴻烈に従い相当数が東北に集まり、東北海軍の創立・発展に貢献した。沈鴻烈ら留日海軍軍人は、専門家的見地から海軍の存在に不可欠な三つの条件――人材、艦隊と根拠地――創設から着手し、わずか数年の間に東北海軍を急速に発展させ、一九二〇年代後半にはその勢力は中央海軍を凌ぐほどにも達した。東北海軍は奉天派（東北軍）を基礎とした地方武力であり、全国統一という観点からは否定的評価も下され得る。だが、当時、政治的混乱、海軍各派の対立等により中国海軍の実力が低下し、艦隊の維持さえ困難であった状況から見ると、東北海軍の誕生と発展が地域社会の安定、経済発展、そして国防に貢献したことは否定できないのである（第六章）。

以上のように、本書は内外の様々な文書資料、とりわけ日本側の未公刊文書を活用して、一八七〇年代から一九二〇年代に至る近代中国海軍の展開と日中関係について実証的な研究を行った。そのことによって、本書は単なる中国軍事史の研究にとどまることなく、近代中国の政治史、日中関係史及び東アジア国際関係史の研究においても意味のある新たな歴史事実と歴史解釈を提供することができた。

とりわけ、本書は以下のような新たな問題、論点を解明し、その意義を提起した。

- 北洋海軍建設における日本要因の重要性、北洋艦隊訪日の日本に対する心理的刺激と日本海軍の対抗的拡張。日中の近代海軍発展における密接な競合関係（第一章）
- 日清戦争後の清朝海軍再建の具体的過程、経費、その中での清朝皇族の役割（第二章）
- 清末民初期の海軍建設における日本モデルの重要性、時代的背景としての日中親善（第三・四章）
- 近代中国海軍の発展における国際関係への依存性、日米中間の相互規定性（第五章）
- 中国近代海軍の発展における留日海軍軍人の役割。海軍の発展と地域の社会・経済発展との相互関連性（第六章）

本書では中華民国期の海軍についてはその初期しか検討できなかったが、最後に、中国国民党による北伐完成後の中国海軍と日中関係について略述しておこう。

中国海軍は、南京国民政府の全国統一政策の下、地方派閥の解消、統一と集権化を前提としてその再建が図られるようになった。一九二八年八月、蔣介石は「一五年をメドに総トン数六〇万トンを保有する世界一等の海軍国となる」(1)ことを目標としたが、実際には当時の中国海軍は中央、東北、広東と電雷系の四系に分裂し、派閥抗争と経費の困難に苛まされ、拡大は容易ではなかった。当時の日中関係は不安定で、とりわけ満洲事変以後は決定的に悪化していったが、中国海軍はなお日本とのパイプを残しており、一九三二年には播磨造船所で巡洋艦「寧海」が建造され、一九三四年十一月には中華民国の海軍大学創立に当たって日本人教習が招聘されていた。しかし、その後の日中間の危機の深化と仮想敵国としての明確な位置づけにより、このような交流は次第に困難となっていった。日中戦争勃発後、中国海軍は対日抵抗をする間もなく、日本海軍の長江遡行作戦を阻止して首都及び長江流域を防衛する江陰封鎖線建設のため、一九三七年八〜九月にその主力艦が自沈させられ、残りも日本軍に撃沈または鹵獲され、消滅することとなった。こうして、近代中国の海軍はまたしても日本に敗れ、壊滅したのである。

近代中国の海軍史を通観するならば、清末の創設から日清戦争での北洋艦隊壊滅までが第一期であり、日清戦争敗戦後の再建から民国初期までを第二期とすることができよう。本書はこの両時期、とりわけほとんど従来の研究で検討されていない第二期に重点を置いて研究を行った。このほか、南京国民政府による海軍再建の試みから日中戦争初期の壊滅に至る第三期、あるいは戦後内戦期の海軍についても中国海軍史の一部であり、本格的な検討が必要であろう。だが、国民政府期の中国海軍については時間的余裕と資料的制限のため、(2)本書では検討の対象に含めることはできなかった。今後の課題としたい。

以上のような課題を残してはいるが、本書はこれまでわが国で十分研究が行われてこなかった中国近代海軍の展開と日中関係について、できる限り実証的に、また国際関係を考慮し、検討を行ったものであり、本書が明らかにした歴史事実と歴史解釈とは中国近代政治史、日中関係史の研究にとって一定の意義を持つだろうことを確信している。最後に、本書の研究の出発点であり、また実証を積み重ねた上で最後にやはり確認されるのは、中国海軍の興亡における対日関係の決定的重要性である。それはまた、中国の近代化過程全体にとっていかに日本との関係が枢要であり、近代の日中関係がいかに密接不可分であったかということを反映するものであろう。

註

（1）高暁星・時平『民国海軍的興衰』（北京、中国文史出版社、一九八九年）一一八頁。
（2）筆者は台北・国防部史政編訳局でも史料調査を行ったが、なお閲覧上の制限がきわめて多く、一九三〇年代以降の資料は十分利用し得ていない。

史料・文献一覧

Ⅰ　文書史料（所蔵機関・分類番号順）

外務省外交史料館所蔵

「外国官庁ニ於テ本邦人雇入関係雑件　清国ノ部」第四巻、3.8.4.16-2
「外国雇傭本邦人関係雑件　諸官庁之部　別冊　支那之部」第二巻、3.8.4.24.2-1
「清国革命動乱ノ際革命海軍部ニ於テ帝国及外国ヨリ顧問招聘計画一件」3.8.4.43
「在本邦支那留学生関係雑件（海軍学生之部）」第一巻、3.10.5.3-3
「李鴻章入覲並海軍拡張及台湾巡撫設置ノ件」5.1.1.9
「清国兵制改革一件」5.1.1.14
「諸外国ニ於ケル各国軍艦ノ測量並ニ陸海軍兵士規則関係雑件」5.1.1.19
「各国一般軍事軍備及軍費関係雑纂　別冊　支那国ノ部」（第一巻）、5.1.1.21-7
「支那海軍拡張援助差止協定一件」（大正十一年五月）、5.1.1.31
「清国海軍士官若クハ学生練習ノ為帝国軍艦ニ乗組方小田切二等領事ヨリ照会一件」5.1.3.19
「支那ニ於テ各国ヨリ兵器及軍需品類購入関係雑件」5.1.7.15
「各国ニ於ケル軍港及船渠関係雑件　支那之部」（第一、二巻）、5.1.7.22-1
「各国海軍根拠地関係雑件」5.1.7.38
「各国ニ於ケル船艦造修関係雑件」5.1.8.7

「清国南北洋艦隊ノ運動及北洋艦隊本邦へ来航一件」5.1.8.13
「各国ヨリ帝国へ艦船建造方依頼並ニ同引受計画関係雑件」（別冊　清国ノ部一、二）、5.1.8.30-1
「清国籌辦海軍大臣載洵貝勒南清地方及海外視察関係雑件」5.1.10.29
「日清戦役ノ際ニ於ケル清国ノ軍備並ニ同国ノ情勢報告雑纂」5.2.18.8
「義和団事変関係清艦動静一件」5.3.2.23
「清国革命動乱ノ際ニ於ケル列国陸海軍動静一件」5.3.2.87
「清国革命動乱ノ際ニ於ケル国際法上ノ諸問題処理ニ関シ海軍指揮官へ訓令一件」5.3.2.96
「中清内乱ノ際居留民保護方ニ関シ在汕頭領事ト第三艦隊司令官ト協定一件」5.3.2.98
「清国革命動乱ノ際永田丸登州府寄港ニ関スル交渉一件」5.3.2.124
「清国革命動乱後同国皇族行動関係雑纂」5.3.2.131
「支那南北衝突事変ニ対スル帝国ノ態度一件」5.3.2.136（松）
「支那南北衝突事変ノ際ニ於ケル帝国陸海軍動静一件」5.3.2.139

防衛省防衛研究所図書館所蔵

「明治十九年　公文雑輯」巻六、⑩公文雑輯M19―9
「明治廿四年　公文備考　艦船部上」巻四、⑩公文備考M24―4
「明治四十二年　公文備考　学事二」巻一五、⑩公文備考M42―15
「明治四十二年　公文備考」巻九三、⑩公文備考M42―97
「明治四十二年　公文備考　雑件一」巻一一七、M42―121
「明治四十三年　公文備考」巻七、⑩公文備考M43―7
「明治四十三年　公文備考　儀制五」巻八、⑩公文備考M43―8
「明治四十三年　公文備考　儀制六」巻九、⑩公文備考M43―9
「明治四十三年　公文備考」巻一〇、⑩公文備考M43―10
「明治四十三年　公文備考　儀制八」巻一一1、⑩公文備考M43―11
「大正三～昭和十四　対支関係綴」（八角史料）、①その他171

「支那海軍再建策」（八角史料）、②その他23
「支那海軍再建策（八角メモ）」（八角史料）、②その他32
（口述史料）財団法人水交社「元海軍中将八角三郎談話収録」一九五八年、⑨依託542
「支那関係記録綴」、①全般189

国立国会図書館憲政資料室所蔵

「坂本俊篤関係文書」2―1　秋山真之書翰

自衛隊板妻駐屯地資料館所蔵

陸軍歩兵少佐松井石根「清国ノ現勢」一九一一年五月

中国第一歴史檔案館（北京）所蔵

「吏部發給載灃在軍機大臣上学習行走注冊執照」（「醇親王府（摂政王府）檔案」清二―2）
「載洵出使外国抵日美報告行踪稟電」（「醇親王府（摂政王府）檔案」清二―3）
「海軍処　咨奏重訂各司職掌折奉硃批由」（「会議政務処檔案」152-6059）
「抄奏海軍人員官員職任折奉旨由」（「会議政務処檔案」534-4183）
「奏派参賛譚学衡代拆代行片由」（「会議政務処檔案」534-4188）
「抄奏暫行編制開辦並請経費暨揀調参謀折由」（「会議政務処檔案」534-4189）
「抄奏調用人員留処差委並免扣資俸折由」（「会議政務処檔案」534-4190）
「抄奏遵闢港巡閲事竣挙其重要大概情形折由」（「会議政務処檔案」554-4444）
「海軍処　奏酌帯随員赴美日二国考察海軍由」（「会議政務處檔案」786-7035）
「載洵等與美国貝里咸鋼鉄公司擬訂合同由」（「責任内閣来文」7498-23/24）

中国第二歴史檔案館（南京）所蔵

「海軍職員録」790-36

「海軍歴届畢業同学録」790-40
「海軍部請迅籌款接収前清在各国定製之各種軍艦有関文件」1002—312
「海軍部関於所属単位編制及経費片断文件」1026-47
「海軍吉黒江司令公署編制令草案与暫行辦事細則」1026-181
「一九一九年海軍統計年表」1026-191
「美、英、法、義、日五国関於限制海軍軍備条約」1026-193
「一九一二、一三年度及一九一九年度海軍部所管経費歳出預算表」1026-198
「海軍部及所轄単位請款憑単」1026-199
「漢口敦実学校々長戚庚雲著「中日六十年来之沉痛観」一書」2-2311
「在日本播磨造船所訂造之寧海軍艦挙行下水典礼撥還欠款」2-4252
「参謀本部特製日本海軍実力一覧表」2-4256

中央研究院近代史研究所檔案館（台北）所蔵

「擬拡張海軍戦時潜水艇暨窒息煤気各約」03-23-131-(2)
「船政」光緒三十二、三十三年
総理各国事務衙門清檔「修理南洋兵船」光緒三十二（一九〇六）年、01-07-1-12
総理各国事務衙門清檔「議辦外洋護商兵輪」光緒二十（一八九四）年、01-07-1-05
「八国駐使照会調海軍入京案」光緒二十（一八九四）年、01-34-8-6
「海戦公約黄皮書」宣統元（一九〇九）年、02-21-009-02
「会議義勇艦隊条例」民国二（一九一三）年、03-06-57-1
清末民初駐美使館檔案「海軍軍官教育規程」民国五～六年（一九一六～一九一七年）、03-12-18-5
「聘前美国海軍武官義理寿案」02-01-002-06

中央研究院近代史研究所口述歴史研究室（台北）所蔵

沈鴻烈『東北辺防與航権』（未刊稿、一九五三年）

沈鴻烈『消夏漫筆』（未刊稿、一九五五）年
中央研究院近代史研究所編纂『沈鴻烈（成章）先生訪問談話記録』（未刊、一九六二年）

アジア歴史資料センター（東京）Web公開文献

「帝国海軍ニ於ケル清国学生教育規程」（「公文類聚　明治四十二年　学事」第三十三編第十三巻、一九〇九年四月九日、Ref. A01200047900）
「帝国海軍ニ於テ教育スル清国海軍学生取扱規程ヲ定ム」（「公文類聚　明治四十二年　学事」第三十三編第十三巻、一九〇九年十月三十日、Ref. A01200048000）
「清国海軍学生取扱規程ニ関スル件」（「公文類聚　明治四十四年　軍事」第三十五編第十七巻、一九一一年五月十九日、Ref. A01200074300）
『清国時報』第四十八号／第五　軍事（一九〇九年一月三十日、Ref. B02130213000）
「中華民国海軍部役員発表報告之件」一九一二年一月二十二日（「清国革命動乱ノ際ニ於ケル各省独立宣言並中華民国仮政府承認請求一件」第一巻、Ref. B03050646600）
「支那海軍ノ近況ト列国関係」（「軍令部秘報」第二五号、一九二九年六月二十七日、雑報第一号、Ref. B04010613000）
「東北海軍代表徐国樑ノ来廣ニ関シ報告ノ件」一九三〇年十二月八日（「支那軍事関係雑件」第三巻、Ref. B04010608200）
「清国学生監督交迭の件」一九一〇年四月十一日（明治四十三年四月「壹大日記」、Ref. C04014619700）
「清国海軍学生教科書に関する件」一九一〇年八月十一日（明治四十三年八月「壹大日記」、Ref. C04014670500）
「学生戸山学校等見学の件」一九一〇年十月二十一日（明治四十三年十月「壹大日記」、Ref.C04014681900）
「清国学生士官学校見学の件」一九一〇年十月二十五日（明治四十三年十月「壹大日記」、Ref. C04014682300）
「東京砲兵工廠参観の件」一九一〇年十一月十日（明治四十三年十一月「壹大日記」、Ref. C04014695000）
「第一回卒業清国海軍学生帰国後ノ処置ニ就テ」一九一一年七月十四日（「明治四十四年　公文備考　学事二」巻十四、Ref. C07090122800）
「清国海軍学生ニ関スル件」一九一一年十一月八日（「明治四十四年　公文備考　学事二」巻十四、Ref. C07090122900）
「第二遣外艦隊機密第八二号支那東北艦隊士官便乗に関する件」一九二九年（「昭和四年　公文備考　E教育」巻十四、Ref. C04016661600）

「渤海湾出漁邦船ニ関スル件卑見」一九二九年六月十一日（「昭和四年　公文備考　外事」巻十三、Ref.C04016617100）
「東北海軍鎖閉」一九二九年十月三十日（「昭和四年　公文備考　外事」巻十五、Ref.C040166179）
「青秘東北海軍の近情（1）」一九三〇年（「昭和五年　公文備考　D外事」巻九、Ref.C05021125700）
「東北海軍現行編制（続キ）」一九三一年六月二十七日（「昭和六年　公文備考　D外事」巻六、Ref.C05021542700）
「外国情報　青島在勤武官電報（1）」一九三二年二月十七日（「昭和七年　公文備考　D外事」巻三、Ref.C05022003600）

The National Archives of the United States
State Department Files, Decimal Number: 892.23, 893.30-35.
"Records of the Department of the State relating to internal affairs of China, 1910-29." (Washington, D.C., 1960). Microfilm edition, Roll 122.

Ⅱ　刊行資料（著編者名の五十音順［日本語］、ａｂｃ順［中国語、英語］。以下同様）

日本語

秋山真之会『秋山真之』（一九三三年）
伊藤博文編『機密日清戦争』（原書房、一九六七年）
同『秘書類纂10　兵政関係資料』（原書房、一九七〇年）
井上馨侯伝記編纂会『世外井上公伝』（内外書籍株式会社、一九三四年）
岩崎家傳記刊行会編『岩崎久弥』（東京大学出版会、一九七九年）
大山梓編『山県有朋意見書』（原書房、一九六六年）
海軍軍令部編纂『留日支那海軍武官ノ現状　大正十三年六月調　附留学概況』（一九二四年）
海軍参謀部『支那北洋海軍諸条例：全』（一八九〇年）
海軍省『海軍制度沿革』（原書房、一九七二年）
海軍大臣官房『海軍軍備沿革』（巌南堂書店、一九七〇年）
海軍有終会『近世帝国海軍史要（増補）』（原書房、一九七四年）

外交時報社編『支那及び満州関係　条約及公文集』（外交時報社、一九三四年）
外務省編『日本外交年表並主要文書』（原書房、一九七八年）
外務省編纂『日本外交文書』（一八七五年（一九五五年出版（以下「出版」を略す））、一八八七年（一九六三年）、一八九四年（一九五三年）、一八九五年（一九五三年）、一八九八年（一九五四年）、一九〇〇年（一九五六年）、一九〇八年（一九六一年）、一九〇九年（一九六一年）、一九一〇年（一九六二年）、一九一四年（一九六六、一九六五年）、一九一五年第一、二冊（一九六六年）、同第三冊上（一九六八年）、同第三冊下（一九六九）」
外務省編纂『日本外交文書』明治年間追補第一冊（一九六三年）
『川崎造船所四十年史』（株式会社川崎造船所、一九三六年刊の復刻）（ゆまに書房、二〇〇三年）
近代日中関係研究会『近代日中関係史料　第Ⅱ集』（龍渓書舎、一九七六年）
財団法人有終会『海軍及海事要覧』（一九二九年）
佐藤鉄太郎『帝国国防史論』（明治四十三年刊の復刻）（原書房、一九七九年）
千早正隆『写真図説　帝国連合艦隊――日本海軍100年史――』（講談社、一九七〇年）
商船学校刊『商船学校一覧』（一九一二年）
堤恭二『帝国議会に於ける我海軍』（原書房、一九八四年）
東亜同文会『支那調査報告書』（東亜同文会支那経済調査部、一九一〇年十一月）
同『支那年鑑』（東亜同文会調査編纂部、一九一二年）
同『支那省別全誌』第十四巻（一九二〇年）
東亜同文会調査編纂部『中国年鑑』（復刻版：台北、天一出版社、一九二三年）
東亜同文会編『対支回顧録』（原書房、一九六八年）
東郷吉太郎『澎湖島』（木嵩山堂、一九〇三年）
西日本重工業株式会社長崎造船所庶務課『三菱長崎造船所史　続篇』（一九五一年）
半澤玉城『支那関係条約集』（外交時報社、一九三〇年）
坂野潤治・広瀬順晧・増田知子・渡辺恭夫編『財部彪日記　海軍次官時代』（山川出版社、一九八三年）
福井静夫『海軍艦船史』（ＫＫベストセラーズ、一九八二年）
本宿宅命『列国海軍提要』（博文館、一八九〇年）

三菱造船株式会社長崎造船所職工課『三菱長崎造船所史』（藤木博英社、一九二八年）
南満洲鉄道株式会社臨時経済調査委員會編『松花江の水運』（大連、南満洲鉄道株式会社、一九二九年）
山縣初男『最新支那通志』（冨山房、一九一二年）
陸軍省『明治天皇御伝記史料　明治軍事史』（原書房、一九六六年）

中国語

宝鋆等編『籌辦夷務始末　同治朝』（沈雲龍主編『近代中国史料叢刊』第六十二輯、台北、文海出版社、一九七一年）
蔡冠洛編『清代七百名人伝』（沈雲龍主編『近代中国史料叢刊』第六十三輯、台北、文海出版社、一九七一年）
池仲祐『海軍大事記』（沈雲龍主編『近代中国史料叢刊』続編第十八輯、台北、文海出版社、一九七五年）
陳志奇集編『中華民国外交史料彙編』（台北、渤海堂文化公司、一九九六年）
『東北年鑑』（瀋陽、東北文化社、一九三一年）
『大清宣統政紀実録』（再版）（台北、華文書局、一九六九年）
福建省政協文史資料委員会編『文史資料選編』（第四巻、政治軍事編、第一冊）（福州、福建人民出版社、二〇〇二年）
故宮博物院輯『清光緒朝中日交渉史料』（北平、故宮博物院、一九三三年。台北、文海出版社、一九七〇年影印版）
故宮博物院明清檔案部編『清末籌備立憲檔案史料』（北京、中華書局、一九七九年）
故宮博物院明清檔案部、福建師範大学歴史系合編『清季中外使領年表』（北京、中華書局、一九八五年）
郭廷以編著『近代中国史事日誌』（北京、中華書局、一九八七年）
国家図書館分館編『清代軍政資料選粋』（北京、全国図書館文献縮微複制中心、二〇〇二年）
黄紀蓮編『中日「二十一条」交渉史料全編　1915–1923』（合肥、安徽大学出版社、二〇〇一年）
雷法章「沈成章先生伝略」（考試院考試技術改進委員会『考政資料』第四巻第七期、一九六二年一月）
李述笑編著『哈爾濱歴史編年（1896–1949）』（哈爾濱、哈爾濱市人民政府地方志編纂辦公室編輯出版、一九八六年）
林声主編『甲午戦争図志』（瀋陽、遼寧人民出版社、一九九四年）
羅爾綱『晩清兵志』（北京、中華書局、一九九七年）
『李鴻章全集』（呉汝綸『李文忠公全集』及び李国傑「文忠公遺集」、『合肥李氏三世遺集』一九〇五年の影印版を収録）（海口、海南出版社、一九九九年）

劉伝標編纂『近代中国　海軍職官表』（福州、福建人民出版社、二〇〇四年）
馬建忠『適可斎紀言紀行』（沈雲龍主編『近代中国史料叢刊』第十六輯、台北、文海出版社、一九六八年）
『清宣統朝中日交渉史料』（沈雲龍主編『近代中国史料叢刊』第六十二輯、台北、文海出版社、一九七一年）
秦孝儀主編『海軍抗戦事跡』（台北、中国国民党中央委員会党史委員会、一九七六年）
銭実甫『清季重要職官年表』（北京、中華書局、一九七七年）
同『清季新設職官年表』（北京、中華書局、一九七七年）
沈桐生輯『光緒政要』（沈雲龍主編『近代中国史料叢刊』第三十五輯、台北、文海出版社、一九六九年）
呉敬恒・蔡元培・王雲五主編『新時代史地叢書　中日外交史』（上海、商務印書館、一九三四年）
王彦威（清）輯、男亮編『清季外交史料』（台北、文海出版社、一九六三年影印版。原版：一九三二年、一九三四年）
王炳耀輯『甲午中日戦輯』（沈雲龍主編『近代中国史料叢刊』第一輯、台北、文海出版社、一九六六年）
王樹枏編『張文襄公（之洞）全集』（沈雲龍主編『近代中国史料叢刊』第四十六～四十九輯、台北、文海出版社、一九七〇年）
王芸生『六十年来中国与日本』（北京、生活・読書・新知三聯書店、一九七九～一九八二年）
王鉄崖編『中外旧約章彙編』（北京、生活・読書・新知三聯書店、一九八二年）
衛藤沈吉・李廷江編著『近代在華日人顧問目録』（北京、中華書局、一九九四年）
文聞『旧中国海軍秘檔』（北京、中国文史出版社、二〇〇六年）
徐嗣同『東北的産業』（北京、中華書局、一九三二年）
行政院新聞局編『中国新海軍』（南京、行政院新聞局、一九四七年）
徐義生『中国近代外債史統計資料　1853-1927』（北京、中華書局、一九六二年）
謝忠岳編『北洋海軍資料彙編』（北京、中華全国図書館文献縮微複制中心、一九九四年）
佚名輯『北洋海軍章程』（沈雲龍主編『近代中国史料叢刊』第二十四輯、台北、文海出版社、一九六八年）
揚志本主編『中華民国海軍史料』（北京、海洋出版社、一九八六年）
朱寿朋（清）『東華続録（光緒朝）』（上海、上海集成図書公司、一九〇九年）
中央研究院近代史研究所編『海防檔』（甲、購買船砲、乙、福州船廠、丙、機器局）（台北、芸文印書館、一九五七年）
朱寿朋（清）『光緒朝東華録』（北京、中華書局、一九五八年）
中華民国史事紀要編集委員会『中華民国史事紀要』（1898-1899年）（台北、中華民国史料研究中心、一九七五年）

趙爾巽等『清史稿』（北京、中華書局、一九七六年）
政協全国委員会文史資料研究委員会編『辛亥革命回憶録』第六集（北京、文史資料出版社、一九八一年）
中国人民政治協商会議山東省委員会文史資料研究委員会編『文史資料選輯』（第一輯）（済南、一九八二年）
『中俄関係史料　東北辺防』（一）（台北、中央研究院近代史研究所、一九八四年）
中国人民政治協商会議遼寧省委員会文史資料研究委員会編『文史資料選輯』第三輯（瀋陽、一九八四年）
中国人民政治協商会議福建省委員会文史資料研究委員会編『福建文史資料』（第八、十輯）（福州、一九八四、一九八五年）
朱伝誉主編『張之洞伝記資料』（台北、天一出版社、一九八五年）
中国第一歴史檔案館「唐紹儀出使日欧八国考察財政史料」（『歴史檔案』一九九〇年第二期）
中国第二歴史檔案館編『中華民国史檔案資料彙編』（第三集、軍事）（南京、江蘇古籍出版社、一九九一年）
『中国艦艇工業歴史資料叢書』編輯部『中国近代艦艇工業史料集』（上海、上海人民出版社、一九九四年）
周応驄『中華文史資料文庫』（第八巻）（北京、中国文史出版社、一九九六年）
中国第一歴史檔案館編『光緒宣統両朝上諭檔』（桂林、広西師範大学出版社、一九九六年）
中国第一歴史檔案館「宣統元年籌辦海軍大臣載洵巡閲海軍奏折」（『歴史檔案』一九九九年第四期）
中国史学会主編『洋務運動』（上海人民出版社、上海書店出版社、二〇〇〇年）
張侠・楊志本・羅澍偉・王蘇波・張利民合編『清末海軍史料』（北京、海洋出版社、二〇〇一年）

英語

Papers relating to the foreign relation of the United State,1914-1918, 1922, 1928,1929 (Washington,D.C.: United States Government Printing Office, 1925-33, 1938, 1943).

Ⅲ　新聞、雑誌

日本語

『大阪朝日新聞』一九一〇年
海軍参謀本部編纂課『海軍雑誌』第四～一〇三号（一八八四年一月～一八八八年九月）

『官報』第九六三号（一八八六年九月十四日）
『国民新聞』一八九一～一八九二年（復刻版：日本図書センター、一九八六年）
『時事新報』一九一〇年
『水交雑誌』第二十一号（一八八八年十二月）
『水交社記事』総第二一～二八四号（一八九二～一九三六年）
『朝野新聞』一八九一年
『東京朝日新聞』一八八六～一八八七年、一八九一～一八九二年、一九〇九年
『日本』一八九一～一八九二年（復刻版、ゆまに書房、一九八八年）、一八九一～一八九二年
『毎日新聞』一八八六～一八八七年、一八九一～一八九二年（復刻版、不二出版、一九九四年）
南満洲鉄道株式会社総務部調査課編『満鉄調査月報』第八巻第六号（一九二八年六月）

中国語

『申報』一八九一年、一九〇九～一九一〇年（影印本、上海書店、一九八六年）
『東方雑誌』（商務印書館、一九〇九～一九二九年）
『盛京日報』（一九二二～一九三一年）
『歴史檔案』（中国第一歴史檔案館、一九八二年～）

英語

The New York Times, 1910.
Washington Post, 1915.

Ⅳ　研究書

日本語

味岡徹『中国国民党訓政下の政治改革』（汲古書院、二〇〇八年）

有賀貞・井出義光・本間長世・安場保吉『日米関係の研究』（東京大学出版会、一九六八年）
井上清『日本の軍国主義』（東京大学出版会、一九五三年）
江口圭一『日本帝国主義史研究』（青木書店、一九九八年）
汪向栄著、竹内実監訳『清国お雇い日本人』（朝日新聞社、一九九一年）
大江志乃夫『東アジア史としての日清戦争』（立風書房、一九九八年）
『海軍』編集委員会『海軍』（誠文図書株式会社、一九八一年）
加藤高明伯伝編纂委員会『加藤高明』（原書房、一九七〇年）
小林道彦『日本の大陸政策　1895-1914』（南窓社、一九九六年）
財団法人海軍歴史保存会『日本海軍史』（第一法規出版株式会社、一九九五年）
斎藤良衛『改訂増補　支那国際関係概観』（国際聯盟協会、一九二五年）
實藤恵秀『中国人日本留学史稿』（日華学会、一九三九年）
篠原宏『海軍創設史　イギリス軍事顧問団の影』（リブロポート、一九八六年）
信夫清三郎著、藤村道生校訂『増補　日清戦争――その政治的・外交的観察――』（南窓社、一九七〇年）
朱徳蘭『長崎華商貿易の史的研究』（芙蓉書房出版、一九九七年）
菅野正『清末日中関係史の研究』（汲古書院、二〇〇二年）
田中宏巳『東郷平八郎』（筑摩書房、一九九九年）
同『秋山真之』（吉川弘文館、人物叢書、二〇〇四年）
角田順『満州問題と国防方針：明治後期における国防環境の変動』（原書房、一九六七年）
同『政治と軍事――明治・大正・昭和初期の日本――』（風光社、一九八七年）
外山三郎『日清・日露・大東亜海戦史』（原書房、一九七九年）
同『日本史小百科　海軍』（東京堂出版社、一九九五年）
外山操『陸海軍将官人事総覧（海軍篇）』（芙蓉書房出版、一九八一年）
豊島定『英和対照　普通海軍用語集』（海軍機関学校、一九〇九年）
中塚明『日清戦争の研究』（青木書店、一九六八年）
野村實『日本海軍の歴史』（吉川弘文館、二〇〇二年）

秦郁彦編『日本陸海軍総合事典』（東京大学出版会、一九九一年）
林董『後は昔の記他　林董回顧録』（平凡社、東洋文庫、一九七〇年）
坂野正高『中国近代化と馬建忠』（東京大学出版会、一九八五年）
東アジア近代史学会編『日清戦争と東アジアの変容』（ゆまに書房、一九九七年）
樋口秀実『日本海軍から見た日中関係史研究』（芙蓉書房出版、二〇〇二年）
藤川宥二『満洲国と日本海軍』（堀部タイプセンター、一九七七年）
藤村道生『日清戦争――東アジア近代史の転換点――』（岩波書店、岩波新書、一九七三年）
藤原彰『日本軍事史』（日本評論社、一九八七年）
松浦章『清代海外貿易史の研究』（朋友書店、二〇〇二年）
松岡洋右伝記刊行会『松岡洋右：その人と生涯』（講談社、一九七四年）
松下芳男『明治軍制史論』（国書刊行会、一九七八年）
安井滄溟『陸海軍人物史論』（博文館、一九一六年）
安岡昭男『明治前期日清交渉史研究』（巌南堂書店、一九九五年）
熊達雲『近代中国官民の日本視察』（成文堂、一九九八年）
横山宏章『中国砲艦「中山艦」の生涯』（汲古書院、二〇〇二年）
吉野作造『対支問題』（日本評論社、一九三〇年）
渡辺龍策『日本と中国の百年』（講談社、一九六八年）

中国語
包遵彭『中国海軍史』（高雄、海軍出版社、一九五一年）
陳宗舜『末代皇父載澧研究』（哈爾濱、北方文芸出版社、一九八七年）
蔡振生『張之洞教育思想研究』（瀋陽、遼寧教育出版社、一九九四年）
陳存恭『列強対中国的軍火禁運　民国八年〜十八年』（台北、中央研究院近代史研究所、二〇〇〇年）
董進一・戚俊傑『北洋海軍与劉公島』（北京、海洋出版社、二〇〇二年）
高暁星・時平『民国海軍的興衰』（北京、中国文史出版社、一九八九年）

何漢文『中俄外交史』（上海、中華書局、一九三五年）
黄福慶『清末留日学生』（北京、中央研究院近代史研究所、一九八三年）
胡立人・王振華主編『中国近代海軍史』（大連、大連出版社、一九九〇年）
海軍司令部近代中国海軍編輯部編著『近代中国海軍』（北京、海潮出版社、一九九四年）
海軍総司令部編『海軍艦隊発展史』（台北、国防部史政編訳局、二〇〇一年）
姜鳴『中国近代海軍史事編年（1860-1911）』（北京、海軍軍事学術研究所、一九九一年）
同『龍旗飄揚的艦隊――中国近代海軍興衰史――』（北京、生活・読書・新知三聯書店、二〇〇二年）
柯平『反割台抗日運動』（天津、天津古籍出版社、二〇〇四年）
李毓樹『中日二十一条交渉』（上）（台北、中央研究院近代史研究所、一九八二年）
林慶元『福建船政局史稿』（福州、福建人民出版社、一九八六年）
林崇墉『沈葆楨与福州船政』（台北、聯経出版事業公司、一九八七年）
梁巨祥主編『中国近代軍事史論文集』（首届中国近代軍事史学術討論会論文専集）（北京、軍事科学出版社、一九八七年）
呂実強『丁日昌与自強運動』（台北、中央研究院近代史研究所、一九八七年）
凌冰『愛新覚羅・載灃――清末監国摂政王――』（北京、文化芸術出版社、一九八八年）
李金強・劉義章・麦勁生合編『近代中国海防――軍事与経済――』（香港、香港中国近代史学会出版、一九九九年）
李金強・麦勁生・蘇維初・丁新豹『我武維揚：近代中国海軍史新論』（香港、香港海防博物館、二〇〇四年）
戚其章『北洋艦隊』（済南、山東人民出版社、一九八一年）
同『晩清海軍興衰史』（北京、人民出版社、一九九八年）
戚俊傑・劉玉明『北洋海軍研究』（天津、天津古籍出版社、一九九九年）
喬偉・李喜所・劉暁琴『徳国克虜伯与中国的近代化』（天津、天津古籍出版社、二〇〇一年）
戚其章『甲午日諜秘史』（天津、天津古籍出版社、二〇〇四年）
戚海瑩『甲午戦争在威海』（天津、天津古籍出版社、二〇〇四年）
戚其章『走近甲午』（天津、天津古籍出版社、二〇〇六年）
蘇雲峰『中国現代化的区域研究　湖北省、1860-1916』（台北、中央研究院近代史研究所、一九八一年）
上海社会科学院経済研究所『江南造船廠廠史（1865～1949.5）』（南京、江蘇人民出版社、一九八三年）

沈伝経『福州船政局』（成都、四川人民出版社、一九八七年）
薩本仁『薩鎮冰伝』（北京、海潮出版社、一九九四年）
石泉『甲午戦争前后晩清政局』（北京、生活・読書・新知三聯書店、一九九七年）
蘇小東編著『中華民国海軍史事日志（1912.1-1949.9）』（北京、九洲図書出版社、一九九九年）
蘇小東『甲午中日海戦』（天津、天津古籍出版社、二〇〇四年）
同『甲午日軍暴行録』（天津、天津古籍出版社、二〇〇四年）
孫占元『甲午戦争的和戦之争』（天津、天津古籍出版社、二〇〇四年）
実藤恵秀著、譚汝謙・林啓彦訳『中国人留学日本史』（香港、中文大学出版社、一九八二年）
湯鋭祥『護法艦隊史』（広州、中山大学出版社、一九九二年）
汪向栄『中国的近代化与日本』（長沙、湖南人民出版社、一九八七年）
同『日本教習』（北京、生活・読書・新知三聯書店、一九八八年）
呉傑章・蘇小東・程志発主編『中国近代海軍史』（北京、解放軍出版社、一九八九年）
呉翎君『美国与中国政治（1917-1928）――以南北分裂政局為中心的探討――』（台北、東大図書公司、一九九六年）
王家倹『李鴻章与北洋艦隊――近代中国創建海軍的失敗与教訓――』（台北、国立編訳館、二〇〇〇年）
王紹芳『中国外交史　鴉片戦争至辛亥革命時期　1840-1911』（鄭州、河南人民出版社、二〇〇一年）
王家倹『洋員与北洋海防建設』（天津、天津古籍出版社、二〇〇四年）
王記華・董進一『甲午遼東鏖戦』（天津、天津古籍出版社、二〇〇四年）
王如絵『甲午戦争与朝鮮』（天津、天津古籍出版社、二〇〇四年）
張秉鐸『張之洞評伝』（台北、台湾中華書局、一九七二年）
鄭天傑・趙梅卿『中日甲午海戦与李鴻章』（台北、華欣文化事業中心、一九七九年）
張徳澤『清代国家機関考略』（北京、中国人民大学出版社、一九八一年）
張玉田・陳崇橋・王献忠・王占国『中国近代軍事史』（瀋陽、遼寧人民出版社、一九八三年）
中国軍事史編写組編『中国軍事史』（第三巻）（北京、解放軍出版社、一九八七年）
張墨・程嘉禾『中国近代海軍史略』（北京、海軍出版社、一九八九年）
鄭汕・傅元祥『中国近代辺防史』（重慶、西南師範大学出版社、一九九〇年）

張焕宗『唐紹儀与清代民国政府』（保定、河北人民出版社、一九九八年）
張啓良『漢英軍事辞典』（"*A Chinese-English Dictionary of Military Terms*"）（北京、海洋出版社、二〇〇一年）
鄭懐義、張建設『皇叔載涛』（北京、華文出版社、二〇〇二年）

英語

Chi, Hsi-sheng, *Warlord politics in China, 1916-1928* (Stanford, Calif.: Stanford University Press,1976)〔斉錫生著、楊雲若・蕭延中訳『中国的軍閥政治（1916-1928）』（北京、中国人民大学出版社、一九九一年）〕.
Hunt, Michael H., *The making of a special relationship:the United States and China to 1914* (New York: Columbia University Press,1983)〔韓徳著、項立嶺・林勇軍訳『一種特殊関係的形成——1914年前的美国与中国——』（上海、復旦大学出版社、一九九三年）〕.
Pong, David, *Shen Pao-chen and China's modernization in the nineteenth century* (Cambridge,New York: Cambridge University Press,1994)〔（龐百騰著、陳俱訳『沈葆楨評伝——中国近代化的嘗試——』（上海、上海古籍出版社、二〇〇〇年）〕.
Powell, *Ralph, The Rise of Chinese Military Power,1895-1912* (Princeton, N.J.: Princeton University Press,1955).
Rawlinson,John L., *China's Struggle for Naval Development, 1839-1895* (Cambridge, Mass.: Harvard University Press,1967).
Robert Hessen, *Steel Titan, The life of Charles M. Schwab* (New York: Oxford University Press,1975).
Paul S. Reinsch, *An American diplomat in China* (Garden City, N.Y.& Toronto: Doubleday, Page & Co.,1922)〔保羅・S・芮恩施著、李抱宏・盛震溯訳『一個美国外交官使華記』（北京、商務印書館、一九八二年）〕.
Reynolds.Douglas R., *China,1898-1912: The Xinzheng Revolution and Japan* (Cambridge, Mass.: Harvard University Press,1993).
Paine,S.C.M., *The Sino-Japanese War of 1894-1895* (New York: Cambridge University Press, 2003).

V　論　文

日本語

味岡徹「ロシア革命後の東三省北部における『幣権回収』」（『歴史学研究』第五一三号、一九八三年二月）
市来俊男「中国海軍の建設と日本海軍」（『軍事史学』第十巻第三号、一九七四年十二月）
大谷敏夫・上園正人「光緒元年における海防をめぐる議論その２」（『鹿大史学』第四十二期、一九九五年一月）

大山梓「北清事変と廈門出兵」（『歴史教育』第十三巻第十二号、一九六五年）
佐藤三郎「日清戦争以前における日中両国の相互国情偵察について――近代日中交渉史上の一齣として――」（『軍事史学』創刊号、一九六五年五月）
斎藤真「米国艦隊の世界周航とT・ローズヴェルト」（本間長世編『現代アメリカの出現』東京大学出版会、一九八八年）
齋藤聖二「廈門事件再考」（『日本史研究』第三〇五号、一九八八年）
鈴木智夫「醇親王載灃の訪独（一）、（二）」（愛知学院大学人間文化研究所紀要『人間文化』第十八号、十九号、二〇〇三年九月、二〇〇四年九月）
田中宏巳「清仏戦争と日本海軍の近代化」（『栃木史学』第四号、一九九〇年三月）
同「清末における海軍の消長（一）～（三）」（『防衛大学校紀要』第六十三～六十五輯、一九九一年九月、一九九二年三月、同九月）
趙国均著、柴田高志訳「甲午戦争の教訓と中国海防について」（『中国研究月報』第四十八巻第十一号、一九九四年）
馬場明「日露戦後における第一次西園寺内閣の対満政策と清国」（栗原健編『対満蒙政策史の一面』原書房、一九六七年）
坂野正高「馬建忠の海軍論――1882年の意見書を中心として――」（川野重任編『アジアの近代化』東京大学出版会、一九七二年）
馮青「日清戦争後における清朝海軍の中央化」（『聖心女子大学大学院論集』第二十三号、二〇〇一年七月）
同「清末の海軍視察と日本の対応」（『現代中国』第八十号、二〇〇六年九月）
同「日清戦争後の清朝の海軍再建と日本の役割」（『軍事史学』第四十二巻第二号、二〇〇六年九月）
同「一九一〇～二〇年代中国海軍の困難と日米――ベツレヘム契約をめぐって――」（『中国――社会と文化――』第二十三号、二〇〇八年七月）
細見和弘「清末・官弁軍事工業における国防生産の展開と中央地方関係――江南製造局の再検討――」（龍谷大学大学院研究紀要編集委員会『大学院研究紀要』人文科学第十一集、一九九〇年三月）
同「李鴻章と清仏戦争」（『中国――社会と文化――』第十一号、一九九六年六月）
同「李鴻章と戸部――北洋艦隊の建設過程を中心に――」（『東洋史研究』第五十六巻第四号、一九九八年三月）
安岡昭男「明治期日中軍事交渉史上の琉球・台湾・福建」（中国福建省、琉球列島交渉史研究調査委員会『中国福建省、琉球列島交渉史の研究』第一書房、一九九五年）
義井博「日露戦争後極東の国際関係」（『西洋史学』第三十一号、一九五六年十月）
李廷江「19世紀末中国における日本人顧問」（衞藤瀋吉編『共生から敵対へ――第4回日中関係史国際シンポジウム論文集――』東方書

店、二〇〇〇年）

同「日本軍事顧問と張之洞——1898～1907——」（『アジア研究所紀要』第二十九号、亜細亜大学アジア研究所、二〇〇二年）

中国語

陳存恭「従『貝里咸合同』到『禁助中国海軍協議』（1911-1929）」（『中央研究院近代史研究所集刊』第五期、一九七六年六月）

遅雲飛「従国情国力軍力的比較中看中日甲午戦争」〔『湖南師範大学社会科学学報』一九九五年第一期（複印報刊資料『中国近代史』一九九五年第四期）〕

陳孝惇「甲午戦争後清政府海軍之重建（1895-1911）」（『海軍学術月刊』第二十九巻第四期、一九九五年四月）

崔志海「海軍大臣載洵訪美与中美海軍合作計画」（『近代史研究』二〇〇六年第三期）

方埜「北洋艦隊１８９１年対日本的訪問及其影響」〔中国軍事学術研究所、中国軍事科学学会辦公室編『甲午戦争与中国海防——紀念甲午戦争100周年学術研討会論文集——』（北京、解放軍出版社、一九九五年）〕

馮青「中日甲午戦争后清朝海軍的中央集権化」〔李金強等主編『我武維揚——近代中国海軍史新論——』（香港、海防博物館、二〇〇四年三月）〕

同「20世紀初美日在中国的利権協調与競争——以三都澳為個案研究——」〔王建郎・欒景河編『近代中国、東亜与世界』（北京、社会科学院文献出版社、二〇〇八年七月）〕

黄福慶「沈鴻烈（一八八二―一九六九）」〔秦孝儀主編『中華民国名人伝』第二冊（台北、近代中国出版社、一九八四年）〕

黄国盛・楊奮澤「福建海軍艦船編制考略」（『近代史研究』一九八七年第三期）

黄清琦「旅大租借地之研究（1898-1945）」（国立政治大学碩士論文、台北、国家図書館所蔵、二〇〇三年六月）

姜鳴「関於黄海海戦中国艦隊接戦隊形問題」〔『華東師範大学学報』一九八九年第五期（複印報刊資料『中国近代史』一九九〇年第一期）〕

季雲飛「北洋艦隊覆滅原因再探討」〔『南京社会科学』一九九一年第六期（複印報刊資料『中国近代史』一九九二年第五期）〕

李恩涵「唐紹儀与晩清外交」（『中央研究院近代史研究所集刊』第四期、一九七三年五月）

李学通「醇親王使徳史実考察」（『歴史檔案』一九九〇年第二期）

羅肇前「李鴻章是怎麼開始購買鉄甲艦的」〔『福建論壇』（文史哲版）一九九三年第四期（複印報刊資料『中国近代史』一九九三年第一〇期）〕

李忠興「中日長崎事件及其交渉」〔『歴史教学問題』一九九四年第三期（複印報刊資料『中国近代史』一九九四年第十一期）〕
老冠祥「民初中日訂定『海軍共同防敵軍事協定』的探討」（『「近代中国与亜洲」学術討論会論文集』（上）、香港、珠海書院亜洲研究中心、一九九五年）
同『二十世紀中国近代海軍史研究的回顧与前瞻』（未刊）
李金強「晩清十年海軍重建之籌議（1901～1911）」（『近代中国海防――軍事与経済――』香港、香港中国近代史学会出版、一九九九年）
李志武「載灃研究」（中山大学歴史系碩士論文、二〇〇三年五月、北京、国家図書館所蔵）
馬幼垣「中日甲午戦争黄海海戦新探一例――法人白労易与日本海軍三景艦的建造――」（戚俊傑・劉玉明主編『北洋海軍研究』（第二輯）（天津、天津古籍出版社、二〇〇一年）
皮明勇「海権論与清末海軍建設理論」（『近代史研究』一九九四年第二期）
王家倹「中日長崎事件交渉」（『国立台湾師範大学歴史学報』第五期、一九七七年四月）
同「李鴻章的海軍知識与海権思想」（国立台湾師範大学歴史研究所・歴史学系編『甲午戦争一百周年紀念学術研討会論文集』一九九五年三月）
同「徳意志帝国対於晩清軍事現代化的影響（1875～1895）」（『国立台湾師範大学歴史学報』第二十七期、一九九九年六月）
王双印「甲午戦后中国海軍近代化建設述論（1896―1911）」（『中国社会科学院研究生院学報』二〇〇三年第六期）
楊志本「論丁汝昌海上戦役指揮失誤問題」（『近代史研究』一九八八年第一期）
同「近代海軍作戦的陣法与戦法述論」（『歴史檔案』一九八八年第二期）
姚錦祥「十九世紀中晩期中日両国近代海軍軍制之比較」〔『南京師大学報』一九九〇年第一期（複印報刊資料『中国近代史』一九九〇年第五期）〕
楊志本・許華「北洋海軍覆滅原因再探討」〔『歴史研究』一九九二年第四期（複印報刊資料『中国近代史』一九九二年第十期）〕
楊益茂「海軍衙門与洋務運動」（『中国人民大学学報』一九九三年第五期）
曾金蘭「沈鴻烈与東北海軍（1923―1933）」（私立東海大学歴史研究所碩士論文、台中、一九九二年）
張華騰「袁世凱与唐紹儀関係論述」（『歴史檔案』総第七〇期、一九九八年第二期）
張力「従『四海』到『一家』：国民政府統一海軍的再嘗試」〔『中央研究院近代史研究所集刊』第二十六期、一九八六年十二月〕
同「中国海軍的整合与外援、1928―1938」〔国父建党革命一百周年学術討論集編輯委員会編『国父建党革命一百周年学術討論集』

第二冊（台北、近代中国出版社、一九九五年）」
同「航向中央：閩系海軍的発展与蛻変」（『中華民国史専題論文集第五届討論会』台北、国史館、二〇〇〇年）
同「陳紹寛与民国海軍」（『史学的伝承：蔣永敬教授八秩栄慶論文集』台北、近代中国出版社、二〇〇一年）
同「以敵為師：日本与中国海軍建設、1928–1937」（黄自進編『蔣中正与近代中日関係』上、台北、稲郷出版社、二〇〇六年）
同「廟街事件中的中日交渉」（金光耀・王建朗主編『北洋時期的中国外交』上海、復旦大学出版社、二〇〇六年）

英語

Hall, Luella J.,"The Abortive German-American-Chinese Entente of 1907-8," *Journal of Modern History*, vol.1 No.2 (June 1929).

Cf. Paul A. Varg, "The Myth of the China Market, 1890-1914," *American Historical Review,* vol.73, No.3(Feb.1968).

Braisted, William A.,"China,the United States Navy, and the Bethlehem Steel Company, 1909-1929," *Business History Review*, vol. XLII, No.1 (Spring 1968).

Liu, Kwang-Ching and Richard J. Smith, "The Military Challenge: the North-west and the Coast," *The Cambridge History of China,* vol.11 (Cambridge, U.K.: Cambridge University Press, 1980).

Wang Chia-chien,"Li Hung-chang and the Peiyang Navy," in Samual C. Chu & Kwang-ching Liu, eds., *Li Hung Chang and China's Early Modernization* (Armonk, N.Y.: M. E. Sharpe, 1994).

あとがき

本書は、筆者のこれまでの研究をもとにした博士論文「中国海軍と近代日中関係」を加筆、修正したものである。博論タイトルに示したように、本研究は単に戦争や軍事面から海軍を扱うのではなく、近代の日中関係において中国海軍が果たした役割は何か、海軍という視角からどのような新たな近代日中関係史・東アジア国際関係史像を描くことができるか、という観点から論を展開したものである。

伝統的軍隊、とくに陸軍がもっぱら国防ないし王朝護持の機能を持ったのと異なり、近代の海軍は海岸線防衛という軍事的な役割のほか、警察（沿岸地域の治安維持）、経済（在外居留民、漁業保護等）、対外政策（艦隊海外訪問、出兵、対外関与等）の面でも役割をも果たしていた。本書はとりわけ対外面から検討し、日清戦争後の中国海軍再建と日本モデルの導入をめぐって展開した新たな日中関係の一面を提示した。

筆者は、中国海軍を研究テーマに選ぶ前から、人と海と船との不思議な関係に長く関心を持っていた。思い起こせば、幼い頃に耳にした郷里の先達たちが海外に渡って奮闘し、貿易や商業等で成功するに至るストーリーは、地域社会の歴史を海の世界とのつながりで考える出発点となったようだ。また福建師範大学の学生時代に清仏戦争の戦地馬江の史跡調査に参加したが、これは船や海洋を国の運命と結び付けて考えるきっかけとなった。こうして、「船堅砲利」（堅固な艦船に強力な大砲）を武器とする西洋の中国進出、西洋による開港後の海運網を伝って活発に展開された中国人の海外移住（華僑）、西洋の海からの進出に対抗するために行った清朝の海軍建設は、まさに中国近代化への最初の一頁と考えることができると気が付いた。このような問題意識から、大学では「鄭和の西洋への航海」をテーマに卒業論文を書き、大学院では「清末の海防と海軍建設」をテーマに修士論文をまとめることになった。

しかし、「海防」というやや古めかしい語を使い、清朝海軍の形成と崩壊を論じるだけでは、対象が狭く、現在から見てどのような研究上の意味があるかという疑問をぬぐい去ることはできなかった。その中で、日中関係の中で中国海軍を扱うという方向に発展させることができたのは、ひとえに聖心女子大学大学院修士課程の指導教員である味岡徹先生から「日本側の未開拓の資料をも充分に活かして、日本との関係を調べて見るように」とのご助言を頂いたことによる。その後、海軍に焦点を当てつつ、清末から中華民国時代の中国政治、社会、対外関係、とくに日中関係について、研究を深めることができたのも、先生から賜った学術的・精神的なご教示と励ましの賜物であった。味岡先生のご学恩に厚く御礼申し上げる。

このほか、大学院在学中には、日本女子大学の久保田文次先生、首都大学東京の奥村哲先生など多くの先生方からご指導を頂いた。また、平和中島財団及び富士ゼロックス小林節太郎記念基金から学習奨励金を頂いたことは、大きな励ましであった。

大学院博士課程が満期になる頃から、研究会及び内外の学会に参加する機会が増えてきた。中国近現代史関係では、民国史研究会（中央大学）、中国社会文化学会、現代中国学会、香港アジア学会（ASAHK）に参加し、発表の機会を得て、諸先生方から有益なご助言を頂いた。さらに軍事史学会及び海軍史研究会では、これまで知ることの少なかった日本近現代史、軍事史の諸専門家に交わって学ぶことができ、多大な知的刺激と温かい励ましを頂くことができた。とりわけ、田中宏巳先生、影山好一郎先生、横山久幸先生、等松春夫先生、相澤淳先生には深く御礼を申し上げる。影山先生には帝京大学の授業に出させて頂いたほか、「平和を欲するならば戦争のことを知らなければならない」という軍事史研究の心構えを教わった。実際、今後、平和的・互恵的な日中関係を築き上げ、アジア太平洋地域の安定した環境を保つためには、経済・文化・政治面だけではなく、海軍を含む軍事面は落とすことができないのであり、また逆に海軍や海洋問題から、東アジア地域の国際関係の不安定化が生じることもあり得るだろう。最近は、尖閣紛争や南沙（スプラトリー）諸島紛争、さらに中国最初の空母「ワリャーグ」試験航海のニュースに表れるように、中国の海洋大国としての台頭を懸念する見方が広がっており、あるいは清末の北洋海軍脅威論に次ぐ第二の中国海軍脅威論の広がる契機となるかもしれない。そのように考えると、本書で扱った中国海軍をめぐる日中関係の歴史的研究も、現在の国際関係を考える上で一定の意味を持つということができよう。

二〇〇七年四月より台北の中央研究院近代史研究所、ついで米国スタンフォード大学フーヴァー研究所の客員研究員として海外で研究する機会を得た。いずれも第一流の研究者を抱え、豊富な資源を持つ世界的な研究拠点であり、すぐれた環境と自由な時間に恵まれ、筆者の研究進展に大きな助けとなった。お世話下さった近代史研究所の張啓雄先生、楊碧雲夫人、フーヴァー研究所のマイヤース博士（Dr. Ramon Myers）、郭岱君研究員に心より感謝の意を表したい。

この間、書き上げた論文「北洋海軍と日本――その日本訪問を中心に――」は、軍事史学会から二〇〇九年度「阿南・高橋学術奨励賞」を受賞したことは、この上のない励みである。

こうして、本書の基となる博士論文「中国海軍と近代日中関係」をまとめることができ、二〇〇九年三月に中央大学法学研究科から博士（政治学）の学位を授与された。主査をつとめて下さった中央大学法学部の李廷江先生、同じく副査の菅原彬州先生、そして味岡徹先生には、論文全体の構成から微細な点に至るまで貴重なご指摘を頂き、大きな啓発を受けた。審査のお骨折りを頂いた三先生に厚く御礼申し上げる。李先生には、近代日中関係史研究の先達としてこれまでも多くのご指導、ご援助を頂いてきただけでなく、特別に博士論文の提出を認めて頂き、主査をご担当頂いた。また、味岡先生には大学院での研究の出発点で暖かいご指導を頂いたばかりか、その最終段階である博論審査にも加わって頂いた。これらの先生方のご厚意、ご支援なくしては、本書を完成することができなかっただろう。この場を借りて、厚く御礼申し上げる。

本書刊行に当たり、富士ゼロックス小林節太郎記念基金の出版助成を頂いた。また、錦正社の中藤政文・正道氏には、昨今の出版状況が厳しい中、本書の出版を快くお引き受け頂き、さらに編集面では、本間潤一郎氏に建設的なご意見を賜った。あわせて御礼申し上げたい。

長い研究生活を支えてくれた家族に本書を捧げる。

二〇一一年十月

	12.25	国民政府海軍部長陳紹寛、海軍大学開設のため、日本から海軍大佐寺岡謹平、法学博士信夫淳平を招聘
1935	9.28	江南造船所建造の巡洋艦「平海」進水（日本の技術導入）
	12. 8	旅順要港部天津事務所設置
1936	1.15	日本、第二次ロンドン海軍軍縮会議脱退
	8.24	成都で反日運動（成都事件）
	9. 1	日本海軍、重慶から旅順まで計24隻を中国沿岸、沿江に配備
	11.25	「日独防共協定」調印
1937	1. 1	「海軍軍縮条約」失効、列強間は海軍軍備無条件時代に
	3	国民政府海軍部、「国防軍事建設計画草案・海軍」制定。海軍建設の中心を水中防備の構築による日本海軍の内陸河川侵入及び上陸阻止に置く
	7. 7	盧溝橋事変勃発、中国駐在日本海軍は上海に急遽集結
	7.11	日本海軍、中国沿岸封鎖、航空機爆撃の方針決定
	7.19	日本海軍、「第三艦隊作戦計画内案」制定
	8.11	蔣介石、長江防衛のため船舶自沈による江陰航路封鎖を命令
	8.13	日本海軍陸戦隊、上海の中国軍攻撃、淞滬戦役開始
	8.14	中国機、日本艦「出雲」を2度爆撃。日本海軍、本格的作戦開始
	8.20	日本海軍航空部隊、上海の中国海軍司令部、江南造船所等海軍施設爆撃
	8.25	中国主要軍艦「海圻」「海容」「海籌」「海琛」等、江陰封鎖のため自沈
	9.29	中国巡洋艦「肇和」、砲艦「楚有」、日本機の爆撃で沈没
	10. 1	日本海軍第三艦隊と第四艦隊により支那方面艦隊編成
	11.20	大本営設置
	12. 2	江陰要塞陥落
	12.12	南京陥落
1938	1. 1	国民政府、海軍全艦船喪失のため海軍部撤廃、軍政部の下に海軍司令部設置、旧海軍部長陳紹寛を海軍司令に任命。専ら水雷敷設実施
1945	9. 2	米艦「ミズーリ」で日本、降伏文書調印
	9. 8	在華日本軍、降伏調印
	9.27	国民政府、上海・廈門・青島の日本海軍を接収
	10.10	日本、海軍総司令部廃止、連合艦隊解散
1947	6～9	国民政府、日本海軍から合計34隻、総トン数6万4803トンの艦船を接収

	8.19	北京で「日中海軍共同防敵軍事協定」調印
	8	中国海軍将校鄭礼慶、凌霄ら8名日本留学
1919	5. 5	日米英仏等列強、「武器対支輸入禁止協定」調印
1920	5	海軍部吉黒江防司令部を設置、吉黒江防艦隊誕生
	8. 1	日本、海軍省八八艦隊の予算案公布
1922	2. 6	「ワシントン海軍軍縮条約」調印
	8	張作霖、江防艦隊を統括する航警処設立、処長沈鴻烈。その後、日本から艦船を購入し、東北海軍を拡充
1923	1	葫蘆島航警学校創立
	2. 9	北京外交団会議、「中国海軍援助差止協定」議決
1925	3.21	国民政府、故孫文を記念して砲艦「永豊」を「中山」に改称
	6	上海で日本水兵と中国人との紛糾発生（第二次南京路事件）
	9	「中国海軍援助差止協定」全調印国批准、正式発効
1926	3.12	日本海軍第十五駆逐艦隊所属艦船大沽入港時、中国軍と衝突（大沽口事件）
1927	3.21	国民革命軍上海進駐。日本の第一艦隊司令官荒城二郎、陸戦隊の上陸、在上海日本企業、駐在機構等防衛を命令
	7	東北海軍、渤海艦隊を接収
1928	3.22	日本海軍第二艦隊所属軍艦22隻、居留民保護を名目に青島集結
1929	10	中ソ同江戦役
	11.10	中国海軍大将杜錫珪、日本海軍視察に出発
1930	3.30	日本海軍第一艦隊18隻青島着
	4. 4	日本海軍第一水雷戦隊16隻、南京到着
	4.22	「第一次ロンドン海軍軍縮条約」調印
	9.23	中国海軍部総務司長李世甲、留日海軍学生8名を伴い日本訪問
1931	3.18	「日本海軍艦船製造第一次補充計画」公布
	9.18	満洲事変始まる
	10. 6	長江、青島、天津、廈門、福州、広州派遣日本艦船、合計31隻に
	10. 7	中国政府、駐日公使蔣作賓を通じて日本艦隊多数進駐に抗議
	10.10	中国海軍部発注の巡洋艦「寧海」、播磨造船所で進水式
1932	1.28	上海事件勃発
	3. 1	「満洲国」建国
	8.26	「寧海」上海に到着、中国海軍部に引渡し
1933	3.27	日本、国連連盟脱退通告
	4.20	日本海軍省、旅順要港部設置、関東州沿岸防備を担う第二艦隊根拠地に
	5.20	日本海軍、連合艦隊を常設化
	5.28	「満洲国」江防艦隊設立、海軍少将尹祚乾（留日）司令官に
	5.31	日中両軍代表、塘沽停戦協定調印
1934	4. 1	「日本海軍艦船製造第二次補充計画」公布

	11	西太后・光緒帝逝去、宣統帝即位
1909	2	清朝、海軍復興の勅令発布
	4	日本海軍省、「清国留学生教育規程」制定
	7.15	清朝、籌辦海軍事務処設立、載洵・薩鎮冰、籌辦海軍大臣就任 また全国海軍を統一し、巡洋艦隊と長江艦隊の2艦隊に編成
	8.25～ 9.24	載洵、薩鎮冰国内海軍視察
	10.11～	載洵、薩鎮冰欧州海軍視察
1910	2. 5	
	11	謝剛哲、劉華式等清国学生、日本の海軍砲術学校入学
1910	8.24	載洵、薩鎮冰等、日米海軍視察に出発
	8.26～ 9. 4	載洵等日本訪問（訪米往路）
	10.23～ 11. 1	載洵等日本正式訪問（訪米復路）
	12. 4	清朝中央、海軍部設立
1911	10.10	辛亥革命勃発、海軍艦船「海容」「海琛」革命側に帰付 日本海軍、清朝政府支持
	10.21	ベツレヘム条約締結
1912	1	中華民国成立、海軍部設立
1913	1	清末に日本に発注の砲艦「永豊」、中国到着
	3	日本海軍、三都澳長腰島の土地購入
	11	日本海軍砲術学校の第4回留学生学業再開、海軍部は費用6567万元支出
	12	米中間で三都澳海軍借款交渉開始
1914	3. 9	米中三都澳借款仮契約締結
	6	日本の反対で米中三都澳海軍借款計画破綻
	7.28	第一次世界大戦開始
	8.23	日本、対ドイツ宣戦布告、膠州湾封鎖
	8.31	日本海軍第二艦隊、膠州湾付近諸島を占領
	10.16	日本軍、青島占領
1915	1.18	日本、袁世凱大総統に対華21ヶ条要求提出
	5. 7	日置駐華公使、最後通牒交付（9日受諾）
	5.25	21ヶ条関係の諸条約締結。中国は港湾・島嶼を外国に譲与・租借させず、 日本以外の外国の福建省での建設及び借款を許可しない旨承諾
1917	3	米中江南造船所借款契約締結
	7.20	日本、海軍省八四艦隊の予算案公布
	12.15	日本、長江警備の第7艦隊編成
1918	3.23	日本、海軍省八六艦隊の予算案公布

	7. 9	明治天皇、丁汝昌ら接見
	8.20	日本艦隊天津訪問、李鴻章に謁見
1892	6.23	北洋艦隊第三次日本訪問、丁汝昌「定遠」など6隻を率い、長崎寄港
1893	5.20	日本、海軍軍令部設置
1894	3.29	朝鮮全羅道で農民蜂起（東学党の乱）
	6. 4	清朝、朝鮮政府の要請により軍艦「済遠」「揚威」を仁川に派遣
	7.19	日本、常備艦隊と西海船隊から連合艦隊を編成
	7.25	日清海軍、豊島沖海戦
	8. 1	日本、清国に宣戦布告
	9.17	黄海海戦で北洋海軍大敗
1895	1.20	日本軍、山東省栄成湾上陸
	1.25	日本軍、威海衛攻撃、北洋艦隊全滅。「鎮遠」など多数の艦船が日本軍に鹵獲さる
		清朝、海軍衙門撤廃
	4.17	下関で日清講和条約調印、賠償金2億両、清朝は台湾・遼東半島割譲
	4.23	露独仏3国、日本政府に遼東半島の清国返還を勧告（三国干渉）
1896	4	清朝、ドイツに巡洋艦3隻（「海容」「海籌」「海琛」）建造発注
		後、イギリスに艦船2隻（「海天」「海圻」）建造発注
1898	4.24	日中「福建不租借要求協定」締結
1900	6.13	義和団、北京の各国公使館を包囲
	8	山縣有朋首相、「北守南進国是」制定
	12	加藤高明外相、アメリカのヘイ（John Milton Hay）国務長官の中国三都澳租借打診に拒否回答
1901	9. 7	義和団事件に関する議定書（辛丑条約）調印
1903	6.11	両江総督魏光燾、神戸川崎造船所に砲艦「江元」建造発注
1904	2.10	日本、対ロシア宣戦布告（日露戦争）
	11	張之洞、「楚泰」など浅水砲艦6隻、「湖鴨」など二等水雷艇4隻の建造につき神戸川崎造船所と契約締結
1905	5.16	薩鎮冰、広東水師提督名義のまま北洋海軍所属に
	9. 5	日露講和条約調印（ポーツマス条約）
	12.13	両江総督魏光燾、神戸川崎造船所に砲艦3隻建造発注。機関科卒業生封燮臣ら5名、製造監督饒懐文に随行、日本の新式機関製造学習
1906	5.31	清朝政府派遣の第1回日本海軍留学生70名、商船学校入学
	11	商船学校、「清国留学生修業規定」制定
1907	4. 4	日本、「帝国国防方針」を策定
	6. 7	清国、陸軍部内に海軍処設立
	12.23	日本海軍少佐相羽恒三、機関大尉吉川力、湖北海軍教習に招聘さる
1908	2. 5	広東海軍、武器密輸の日本船拿捕（「第2辰丸」事件）

日中海軍関係略年表

年	月 日	出 来 事
1866	7	閩浙総督左宗棠の上奏に基づき福建省馬尾で福建船政局設立
1871	7	「日清修好条規」調印
	11	琉球貢納船、台湾八瑶湾に漂着、原住民により54名殺害さる
1873	2	陸軍少佐樺山資紀による南清・台湾調査
1874	5	海軍中将西郷従道率いる日本軍2,358名台湾上陸、住民を攻撃
	6.21	総理船政大臣沈葆楨、淮軍7,000名を率い台湾出動、対日抗議
	10.31	北京で「日清議定書」調印。清朝側50万両支払い、日本軍撤兵を約す
	11.19	前江蘇巡撫丁日昌、「海洋水師章程」上呈。北・東・南3洋海軍建設を提起
1875	5. 2	日本海軍、初めて甲鉄艦「扶桑」「比叡」「金剛」の3隻をイギリスに注文（前2者は日清戦争で主力艦に）
	5.30	李鴻章を督辦北洋海防事宜、沈葆楨を督辦南洋海防事宜に任命
1876	2. 4	薩鎮冰等清国海軍練習生、軍艦「揚武」で航海練習、初めて日本訪問
1879	4. 4	琉球を沖縄県に改め、日本帰属を明確化（琉球処分）
	12.18	南洋海軍総帥・両江総督沈葆楨死去
		その後、直隷総督李鴻章が海軍全体を統括、天津に水師営務処設置
1882	7.23	朝鮮「壬午軍乱」発生、日中両国とも軍艦派遣
	8.26	北洋海軍提督丁汝昌、朝鮮の大院君李昰応を軍艦「登瀛洲」で天津に拉致
1884	8.23	清仏両軍、福建省馬江で海戦。福建海軍ほぼ全滅
1885	10.24	海軍衙門設立。醇親王奕譞を大臣、李鴻章を会辦に　近代中国で最初の海軍中央管轄機構
	10.12	ドイツ製の甲鉄艦「鎮遠」「定遠」と甲鉄巡洋艦「済遠」大沽到着
1886	8.10	北洋艦隊第一次日本訪問、丁汝昌「定遠」「鎮遠」「済遠」「威遠」を率い長崎入港
	8.13, 8.15	清国水兵と日本側警察との衝突発生（長崎事件）
	9. 8	長崎で長崎事件の裁判開始
1887	2. 8	長崎事件結審、清朝側1万5500元、日本側5万2500元の賠償金と定める
1888	12	「北洋海軍章程」発布、軍艦25隻、計3.7万トンの北洋艦隊編成、アジア一の艦隊に
1890	4. 7	日本海陸軍大演習
1891	7. 5	北洋艦隊第二次日本訪問、丁汝昌「定遠」など6隻を率い、横浜寄港

は

ま

ら

わ

さ

事　項　索　引

た

な

は

索　引

人名索引

あ

か

さ

著者略歴

馮　青（ふう　せい）

2001年　聖心女子大学大学院史学専攻修士課程修了
日本女子大学大学院博士課程
（台北）中央研究院・（米国）スタンフォード大学客員研究員を経て
2009年　博士（政治学）中央大学
現　在　明治大学、玉川大学非常勤講師

専　攻　中国近現代史、日中関係史

著作

『中国近代海軍与日本』（単著、吉林大学出版社、2008年）
『近代中国、東亜与世界』（共著、社会科学院文献出版社、2008年）
『近代中国：政治与外交』（共著、社会科学院文献出版社、2010年）
『国際文化論』（平野健一郎著、共訳、中国大百科全書出版社、2011年）など

中国海軍《ちゅうごくかいぐん》と近代日中関係《きんだいにっちゅうかんけい》

平成二十三年十一月　九日　印刷
平成二十三年十一月二十一日　発行

※定価はカバー等に表示してあります。

著　者　馮　青
出版者　中藤政文
発行所　錦正社
〒一六二―〇〇四一
東京都新宿区早稲田鶴巻町五四四―六
電　話　〇三（五二六一）二八九一
FAX　〇三（五二六一）二八九二
URL　http://www.kinseisha.jp/

印刷　㈱平河工業社
製本　㈱ブロケード

ISBN978-4-7646-0334-9